Mathematik Physik Chemie Technik
FORMELSAMMLUNG

Stefan Dietz
Dieter Gauß
Richard Kittelmann
Dieter Käßmann
Achim Olpp

Ernst Klett Verlag
Stuttgart Düsseldorf Leipzig

Inhaltsverzeichnis

Mathematik

Bezeichnungen und Symbole
Mathematische Zeichen und Abkürzungen   3
Griechisches Alphabet   3
Römische Zahlzeichen   3

Algebraische Grundlagen
Rechengesetze, Termumformungen und Binomische Formeln   4
Potenzen und Wurzeln   4
Quadratische Gleichung   4
Lineare Funktionen   5
Berechnungen im Koordinatensystem   5
Quadratische Funktionen   5

Geometrische Grundlagen
Winkelbeziehungen   6
Bes. Linien und Punkte im Dreieck   6
Satzgruppe des Pythagoras   7
Strahlensätze   7
Ähnlichkeit und zentrische Streckung   7
Winkelbeziehungen am Kreis   7

Flächenberechnungen
Dreiecke   8
Vierecke und Vielecke   8, 9
Kreis und Kreisteile   9

Körperberechnungen
Würfel, Quader, Prismen, Pyramiden   10
Pyramidenstümpfe   11
Zylinder, Kreiskegel, Kegelstumpf   11
Kugel, Tetraeder, Oktaeder   11

Trigonometrie
Winkelfunktionen im rechtwinkligen Dreieck   12
Bes. Werte der Winkelfunktionen   12
Berechnungen im allg. Dreieck   12
Beziehungen zwischen den Winkelfunktionen   13
Schaubilder der Sinusfunktion und Kosinusfunktion   13
Entsprechende Funktionswerte   13

Sachrechnen
Prozent- und Promillerechnung   14
Zinsrechnung   14
Zinzeszinsrechnung   14
Wachstumsprozesse   14
Mittelwert   14
Zentralwert   14

Physik

Elektrizitätslehre
Gleichstrom   15
Wechselstrom   15
Kondensator   16
Transistor   16

Mechanik
Gleichförmige Bewegung   16
Gleichmäßig beschleunigte Bewegung   16
Gleichmäßig verzögerte Bewegung   17
Freier Fall   17
Kreisbewegung   17
Kräfte   17
Arbeit/Energie/Leistung   18

Optik   18

Wärmelehre   19

Radioaktivität   19

Tabellenanhang   20, 21

Chemie

Periodensystem der Elemente   22
Chemische Elemente   23
Zerfallsreihen   23

Technik

Schaltzeichen   24
Gehäuseansichten von Transistoren   24

Bezeichnungen und Symbole

Mathematische Zeichen und Abkürzungen

=	gleich	cos	Kosinus
≠	nicht gleich, ungleich	tan	Tangens
<	kleiner als	|a|	Betrag von a
≦	kleiner oder gleich	Σ	Summe
>	größer als	Δ	Differenz
≧	größer oder gleich	∈	Element von
≈	ungefähr gleich, rund, etwa	∉	nicht Element von
≙	entspricht	{ }; ∅	Leere Menge
~	proportional; ähnlich (geom.)	{x|x = ...}	Menge aller x, für die gilt: x = ...
≅	kongruent, deckungsgleich		
∥	parallel zu	⊂	Teilmenge von
⊥	rechtwinklig zu, senkrecht auf	∩	geschnitten mit
∢	Winkel	∪	vereinigt mit
∟	rechter Winkel (90°)	ℕ	Menge der natürlichen Zahlen
$\overline{AB}$	Strecke mit den Endpunkten A und B	ℤ	Menge der ganzen Zahlen
$\overset{\frown}{AB}$	Bogen mit den Endpunkten A und B	ℚ	Menge der rationalen Zahlen
sin	Sinus	ℝ	Menge der reellen Zahlen

Griechisches Alphabet

α, A	Alpha		ν, N	Ny
β, B	Beta		ξ, Ξ	Xi
γ, Γ	Gamma		ο, O	Omikron
δ, Δ	Delta		π, Π	Pi
ε, E	Epsilon		ρ, P	Rho
ζ, Z	Zeta		σ, ς, Σ	Sigma
η, H	Eta		τ, T	Tau
ϑ, Θ	Theta		υ, Y	Ypsilon
ι, I	Jota		φ, Φ	Phi
κ, K	Kappa		χ, X	Chi
λ, Λ	Lambda		ψ, Ψ	Psi
μ, M	My		ω, Ω	Omega

Römische Zahlzeichen

I	V	X	L	C	D	M
1	5	10	50	100	500	1000

Algebraische Grundlagen

Rechengesetze, Termumformungen und Binomische Formeln

Kommutativgesetze $\quad a+b = b+a \quad a \cdot b = b \cdot a$

Assoziativgesetze $\quad a+(b+c) = (a+b)+c \quad a(b \cdot c) = (a \cdot b)c$

Distributivgesetze $\quad a(b+c) = a \cdot b + a \cdot c \quad a(b-c) = a \cdot b - a \cdot c$

$$\frac{b+c}{a} = \frac{b}{a} + \frac{c}{a}; \; a \neq 0 \qquad \frac{b-c}{a} = \frac{b}{a} - \frac{c}{a}; \; a \neq 0$$

$(a+b)(c+d) = ac+ad+bc+bd \qquad (a+b)(c+d-e) = ac+ad-ae+bc+bd-be$

$(a+b)^2 = a^2 + 2ab + b^2 \qquad\qquad (a+b)^3 = a^3 + 3a^2b + 3ab^2 + b^3$

$(a-b)^2 = a^2 - 2ab + b^2 \qquad\qquad (a-b)^3 = a^3 - 3a^2b + 3ab^2 - b^3$

$(a+b)(a-b) = a^2 - b^2 \qquad\qquad$ Bem.: $a^2 + b^2$ ist in $\mathbb{R}$ nicht zerlegbar

Potenzen

$a^n = \underbrace{a \cdot a \cdot a \cdot \ldots \cdot a}_{n \text{ Faktoren}}$

Basis
$\quad |$
a^m —— Exponent
Potenz

Für $a \neq 0$ gilt:

$$a^0 = 1 \qquad a^1 = a \qquad a^{-n} = \frac{1}{a^n}$$

Rechengesetze

$a^m \cdot a^n = a^{m+n}$

$\dfrac{a^m}{a^n} = a^{m-n}$

$a^n \cdot b^n = (ab)^n$

$\dfrac{a^n}{b^n} = \left(\dfrac{a}{b}\right)^n$

$(a^n)^m = a^{nm}$

(Nenner stets ungleich Null)

Wurzeln

$\sqrt[n]{a} = x$, d. h. $x^n = a$

$\sqrt[2]{a} = \sqrt{a} \quad (a \geq 0)$

Wurzelexponent
$\quad |$
$\sqrt[n]{a}$ — Basis (Radikand)
Wurzel

Rechengesetze

$\sqrt[n]{a} \cdot \sqrt[n]{b} = \sqrt[n]{ab} \qquad \sqrt[n]{a} = a^{\frac{1}{n}} \qquad \sqrt[m]{\sqrt[n]{a}} = \sqrt[nm]{a} \qquad \sqrt[n]{a^n} = a$

$\dfrac{\sqrt[n]{a}}{\sqrt[n]{b}} = \sqrt[n]{\dfrac{a}{b}} \qquad \sqrt[n]{a^m} = a^{\frac{m}{n}} \qquad \left(\sqrt[n]{a}\right)^m = \sqrt[n]{a^m} \qquad \left(\dfrac{a}{b}\right)^{-n} = \left(\dfrac{b}{a}\right)^n$

Algebraische Grundlagen

Quadratische Gleichung

Normalform $x^2 + px + q = 0$ $ax^2 + bx + c = 0$

Lösungsformel $x_{1,2} = -\frac{p}{2} \pm \sqrt{\left(\frac{p}{2}\right)^2 - q}$ Die Division durch a ergibt die Normalform.

Diskriminante $D = \left(\frac{p}{2}\right)^2 - q$

$D > 0$ zwei Lösungen; $D = 0$ eine Lösung; $D < 0$ keine Lösung

Satz von Vieta $x_1 + x_2 = -p$ $x_1 \cdot x_2 = q$

Linearfaktoren $(x - x_1)(x - x_2) = 0$

Lineare Funktionen
Schaubilder sind Geraden

$f(x) = mx + b$
$y = mx + b$

Hauptform   Ursprungsgerade $f(x) = mx;\ f(x) = -mx$
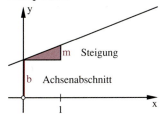   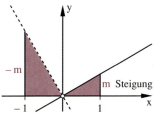 $y = mx;\ y = -mx$
                                                                            $m > 0 \qquad m < 0$

Quadratische Funktionen
Schaubilder sind Parabeln

Normalparabel nach oben offen	Normalparabel nach unten offen	Verschiebung an der y-Achse nach oben/nach unten	Stauchung und Streckung nach oben offen	nach unten offen
$f(x) = x^2$	$f(x) = -x^2$	$f(x) = x^2 + q;\quad f(x) = x^2 - q;$	$f(x) = ax^2;\ f(x) = ax^2$	$f(x) = -ax^2;\ f(x) = -ax^2$
$y = x^2$	$y = -x^2$	$y = x^2 + q \qquad\quad y = x^2 - q$	$y = ax^2;\quad y = ax^2$	$y = -ax^2;\quad y = -ax^2$
			$a < 1 \qquad a > 1$	$a < (-1) \qquad a > (-1)$

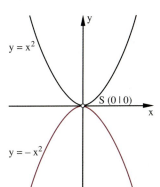
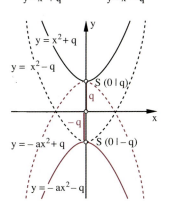
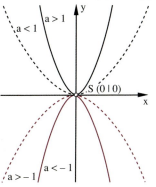

Mathematik 5

Geometrische Grundlagen

Winkelbeziehungen

Nebenwinkel

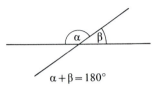

$\alpha + \beta = 180°$

Scheitelwinkel

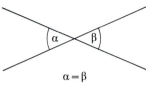

$\alpha = \beta$

Winkelergänzung/ Winkeldifferenz

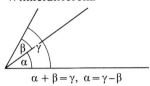

$\alpha + \beta = \gamma, \ \alpha = \gamma - \beta$

Stufenwinkel

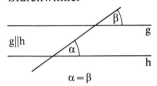

$\alpha = \beta$

Wechselwinkel

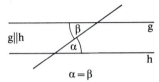

$\alpha = \beta$

Winkelsumme

$\alpha + \beta + \gamma = 180°$

Bem.: Die Winkelsumme im Viereck beträgt 360°, im n-Eck beträgt sie $(n-2) \cdot 180°$

Besondere Linien und Punkte im Dreieck

Höhen

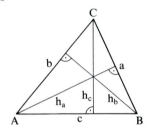

Seitenhalbierende (Schwerlinien)

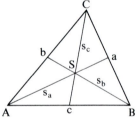

Der Schwerpunkt S teilt die Seitenhalbierenden im Verhältnis 2 : 1

Mittelsenkrechte und Umkreis

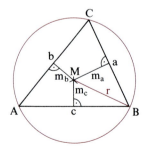

Der Schnittpunkt M der Mittelsenkrechten ist der Umkreismittelpunkt, r ist der Umkreisradius

Winkelhalbierende und Inkreis

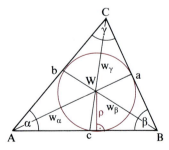

Der Schnittpunkt W der Winkelhalbierenden ist der Inkreismittelpunkt, ρ ist der Inkreisradius

Mathematik

Geometrische Grundlagen

Satzgruppe des Pythagoras

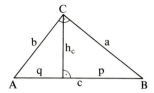

a, b   Katheten
c   Hypotenuse
p, q   Hypotenusenabschnitte

Satz des Pythagoras
$$c^2 = a^2 + b^2$$

Höhensatz
$$h^2 = p \cdot q$$

Kathetensatz (Satz des Euklid)
$$a^2 = c \cdot p$$
$$b^2 = c \cdot q$$

Strahlensätze

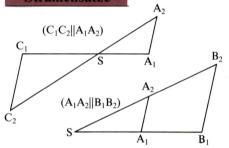

1. Strahlensatz

$$\frac{\overline{SA_1}}{\overline{SC_1}} = \frac{\overline{SA_2}}{\overline{SC_2}}$$

$$\frac{\overline{SA_1}}{\overline{SB_1}} = \frac{\overline{SA_2}}{\overline{SB_2}}$$

2. Strahlensatz

$$\frac{\overline{SA_1}}{\overline{SC_1}} = \frac{\overline{A_1A_2}}{\overline{C_1C_2}}$$

$$\frac{\overline{SA_1}}{\overline{SB_1}} = \frac{\overline{A_1A_2}}{\overline{B_1B_2}}$$

Ähnlichkeit und zentrische Streckung

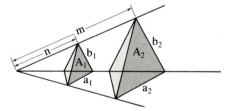

Streckfaktor $k = \dfrac{m}{n}$

ähnliche Strecken $\dfrac{a_2}{a_1} = \dfrac{b_2}{b_1}$; $a_2 = k \cdot a_1$

ähnliche Flächen $\dfrac{A_2}{A_1} = \dfrac{a_2^2}{a_1^2}$; $A_2 = k^2 \cdot A_1$

ähnliche Körper $\dfrac{V_2}{V_1} = \dfrac{a_2^3}{a_1^3}$; $V_2 = k^3 \cdot V_1$

Winkelbeziehungen am Kreis

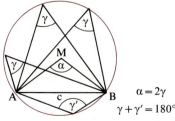

$\alpha = 2\gamma$
$\gamma + \gamma' = 180°$

Alle Umfangswinkel γ über Sehne $\overline{AB}$ sind gleich groß. Mittelpunktswinkel α ist doppelt so groß wie der Umfangswinkel γ.

Satz des Thales

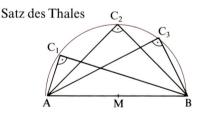

Alle Dreiecke im Halbkreis sind rechtwinklig.

Mathematik   **7**

Flächenberechnungen

A Flächeninhalt   u Umfang   e,f Diagonalen

Dreiecke

allgemein

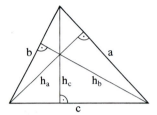

$A = \dfrac{c \cdot h_c}{2}$

$u = a + b + c$

rechtwinklig

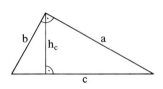

$A = \dfrac{a \cdot b}{2} = \dfrac{c \cdot h_c}{2}$

$u = a + b + c$

gleichseitig

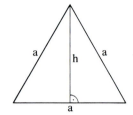

$A = \dfrac{a^2}{4}\sqrt{3}$

$u = 3a \qquad h = \dfrac{a}{2}\sqrt{3}$

Vierecke

Quadrat

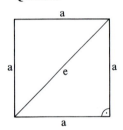

$A = a^2$

$u = 4a \qquad e = a\sqrt{2}$

Rechteck

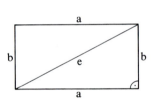

$A = a \cdot b$

$u = 2(a + b)$

Raute

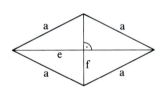

$A = \dfrac{e \cdot f}{2}$

$u = 4a$

Drachen

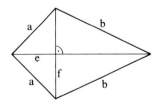

$A = \dfrac{e \cdot f}{2}$

$u = 2(a + b)$

Parallelogramm

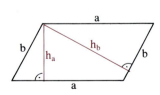

$A = a \cdot h_a = b \cdot h_b$

$u = 2(a + b)$

Trapez

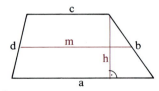

$A = \dfrac{a + c}{2} \cdot h = m \cdot h$

$u = a + b + c + d$

Flächenberechnungen

Vielecke

Regelmäßiges Sechseck

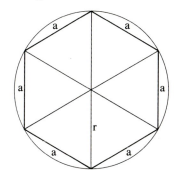

$A = \dfrac{3a^2}{2}\sqrt{3}$
$u = 6a$

Regelmäßiges Vieleck (n-Eck)

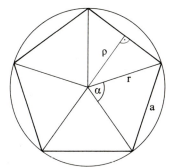

n Anzahl der Ecken, $\alpha = \dfrac{360°}{n}$

$A = \dfrac{n \cdot a \cdot \rho}{2}$ $\quad A = \dfrac{nr^2}{2} \cdot \sin\alpha$

$u = n \cdot a$

Kreis und Kreisteile

Kreis

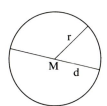

$A = \pi r^2 = \dfrac{\pi}{4} d^2$
$u = 2\pi r = \pi d \qquad d = 2r$

Kreisring

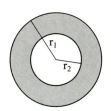

$A = \pi (r_1^2 - r_2^2)$
$u = 2\pi(r_1 + r_2)$

Kreisbogen und Kreisausschnitt (Sektor)

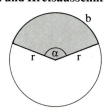

$A = \dfrac{\pi r^2 \alpha}{360°} \qquad A = \dfrac{b \cdot r}{2}$

$b = \dfrac{\pi r \alpha}{180°}$

Kreisabschnitt (Segment)

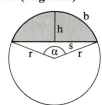

$u = b + s$

Körperberechnungen

A Grundfläche   M Mantelfläche   d Raumdiagonale

Würfel

$V = a^3$
$O = 6a^2$
$d = a\sqrt{3}$

Quader

$V = abc$
$O = 2(ab + ac + bc)$
$d = \sqrt{a^2 + b^2 + c^2}$

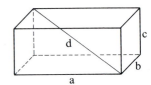

Prismen $V = A \cdot h$ $O = 2A + M$

quadratisch

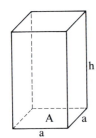

$V = a^2 h$
$M = 4ah$
$O = 2a(a + 2h)$

dreiseitig, regelmäßig

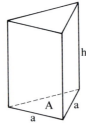

$V = \dfrac{a^2}{4}\sqrt{3} \cdot h$
$M = 3ah$
$O = \dfrac{a}{2}(a\sqrt{3} + 6h)$

sechsseitig, regelmäßig

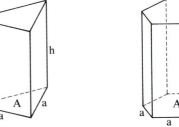

$V = \dfrac{3a^2}{2}\sqrt{3} \cdot h$
$M = 6ah$
$O = 3a(a\sqrt{3} + 2h)$

Pyramiden $V = \dfrac{1}{3} A \cdot h$ $O = A + M$

quadratisch

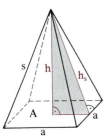

$V = \dfrac{1}{3} a^2 h$
$M = 2ah_s$
$O = a(a + 2h_s)$

dreiseitig, regelmäßig

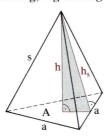

$V = \dfrac{a^2}{12}\sqrt{3} \cdot h$
$M = \dfrac{3}{2} ah_s$
$O = \dfrac{a}{4}(a\sqrt{3} + 6h_s)$

sechsseitig, regelmäßig

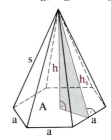

$V = \dfrac{a^2}{2}\sqrt{3} \cdot h$
$M = 3ah_s$
$O = \dfrac{3a}{2}(a\sqrt{3} + 2h_s)$

Körperberechnungen

Pyramidenstümpfe

$$V = \frac{h}{3}(A_1 + \sqrt{A_1 \cdot A_2} + A_2) \qquad O = A_1 + M + A_2$$

quadratisch

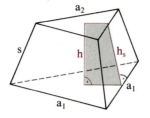

dreiseitig, regelmäßig

sechsseitig, regelmäßig

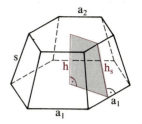

$V = \frac{h}{3}(a_1^2 + a_1 a_2 + a_2^2)$

$M = 2(a_1 + a_2)h_S$

$O = a_1^2 + 2(a_1 + a_2)h_S + a_2^2$

$V = \frac{h}{12}\sqrt{3}(a_1^2 + a_1 a_2 + a_2^2)$

$M = \frac{3}{2}(a_1 + a_2)h_S$

$O = \frac{\sqrt{3}}{4}(a_1^2 + a_2^2) + \frac{3}{2}(a_1 + a_2)h_S$

$V = \frac{h}{2}\sqrt{3}(a_1^2 + a_1 a_2 + a_2^2)$

$M = 3(a_1 + a_2)h_S$

$O = \frac{3\sqrt{3}}{2}(a_1^2 + a_2^2) + 3(a_1 + a_2)h_S$

Zylinder

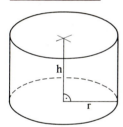

$V = \pi r^2 h$

$M = 2\pi r h$

$O = 2\pi r(r + h)$

Kreiskegel

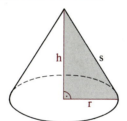

$V = \frac{1}{3}\pi r^2 h$

$M = \pi r s$

$O = \pi r(r + s)$

Kegelstumpf

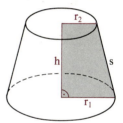

$V = \frac{\pi}{3}h(r_1^2 + r_1 r_2 + r_2^2)$

$M = \pi s(r_1 + r_2)$

$O = \pi[r_1^2 + s(r_1 + r_2) + r_2^2]$

Kugel

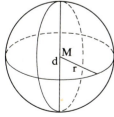

$V = \frac{4}{3}\pi r^3 = \frac{1}{6}\pi d^3$

$O = 4\pi r^2 = \pi d^2$

Tetraeder

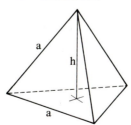

$V = \frac{a^3}{12}\sqrt{2}$

$O = a^2\sqrt{3}$

Oktaeder

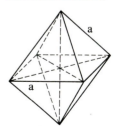

$V = \frac{a^3}{3}\sqrt{2}$

$O = 2a^2\sqrt{3}$

Trigonometrie

Winkelfunktionen im rechtwinkligen Dreieck

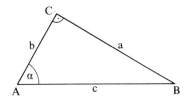

$\sin \alpha = \dfrac{a}{c} \quad \left(\dfrac{\text{Gegenkathete von } \alpha}{\text{Hypotenuse}}\right)$

$\cos \alpha = \dfrac{b}{c} \quad \left(\dfrac{\text{Ankathete von } \alpha}{\text{Hypotenuse}}\right)$

$\tan \alpha = \dfrac{a}{b} \quad \left(\dfrac{\text{Gegenkathete von } \alpha}{\text{Ankathete von } \alpha}\right)$

Besondere Werte der Winkelfunktionen

$\sin 0° = 0$ $\qquad \cos 0° = 1$ $\qquad \tan 0° = 0$

$\sin 30° = \tfrac{1}{2}$ $\qquad \cos 30° = \tfrac{1}{2}\sqrt{3}$ $\qquad \tan 30° = \tfrac{1}{3}\sqrt{3}$

$\sin 45° = \tfrac{1}{2}\sqrt{2}$ $\qquad \cos 45° = \tfrac{1}{2}\sqrt{2}$ $\qquad \tan 45° = 1$

$\sin 60° = \tfrac{1}{2}\sqrt{3}$ $\qquad \cos 60° = \tfrac{1}{2}$ $\qquad \tan 60° = \sqrt{3}$

$\sin 90° = 1$ $\qquad \cos 90° = 0$ $\qquad \tan 90° = \infty$

Berechnungen im allgemeinen Dreieck

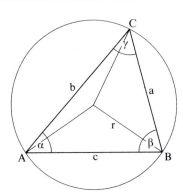

Sinussatz

$\dfrac{a}{b} = \dfrac{\sin \alpha}{\sin \beta} \qquad \dfrac{a}{c} = \dfrac{\sin \alpha}{\sin \gamma} \qquad \dfrac{b}{c} = \dfrac{\sin \beta}{\sin \gamma}$

Umkreisradius r

$2r = \dfrac{a}{\sin \alpha} = \dfrac{b}{\sin \beta} = \dfrac{c}{\sin \gamma}$

Kosinussatz

$a^2 = b^2 + c^2 - 2bc \cdot \cos \alpha$
$b^2 = a^2 + c^2 - 2ac \cdot \cos \beta$
$c^2 = a^2 + b^2 - 2ab \cdot \cos \gamma$

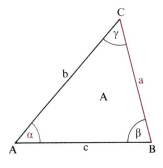

Flächeninhalt

$A = \tfrac{1}{2} ab \cdot \sin \gamma$

$A = \tfrac{1}{2} ac \cdot \sin \beta$

$A = \tfrac{1}{2} bc \cdot \sin \alpha$

Trigonometrie

Beziehungen zwischen den Winkelfunktionen

Einheitskreis

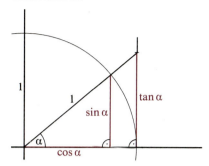

$$\sin^2\alpha + \cos^2\alpha = 1$$
$$\tan\alpha = \frac{\sin\alpha}{\cos\alpha}$$
$$\cos\alpha = \sin(90° - \alpha)$$
$$\sin\alpha = \cos(90° - \alpha)$$

Schaubilder der Sinusfunktion und Kosinusfunktion

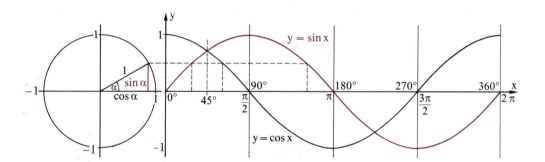

Vorzeichen

	0° – 90°	90° – 180°	180° – 270°	270° – 360°
sin	+	+	−	−
cos	+	−	−	+

Entsprechende Funktionswerte

sin
$\sin(180° - \alpha) = +\sin\alpha$
$\sin(180° + \alpha) = -\sin\alpha$
$\sin(360° - \alpha) = -\sin\alpha$

cos
$\cos(180° - \alpha) = -\cos\alpha$
$\cos(180° + \alpha) = +\cos\alpha$
$\cos(360° - \alpha) = +\cos\alpha$

Sachrechnen

Prozent- und Promillerechnung

Prozent

$1\% = \frac{1}{100} = 0{,}01$

$p\% = \frac{p}{100}$

G	Grundwert	**Grundgleichung**
P	Prozentwert	$P = G \cdot \frac{p}{100}$
p%	Prozentsatz	

Promille

$1\text{‰} = \frac{1}{1000} = 0{,}001$

$p\text{‰} = \frac{p}{1000}$

G	Grundwert	**Grundgleichung**
P	Promillewert	$P = G \cdot \frac{p}{1000}$
p‰	Promillesatz	

Zinsrechnung

K   Kapital
Z   Zinsen
$\frac{p}{100}$ Zinssatz
i   Zeit in Jahren
t   Zeit in Tagen

Jahreszinsen
(„Kip"-Regel)
$Z = \frac{K \cdot i \cdot p}{100}$

Tageszinsen

$Z = K \cdot \frac{t}{360} \cdot \frac{p}{100}$

Bem.: Im Bankwesen gilt:
1 Monat hat 30 Tage, 1 Jahr hat 360 Tage.

Zinseszinsrechnung

K_o Anfangswert, Anfangskapital
K_n Zeitwert (Kapital) nach n Jahren
q   Zinsfaktor
n   Anzahl der Jahre

Zunahme

$K_n = K_o \cdot q^n$

$q = 1 + \frac{p}{100}$

Abnahme

(degressiv)

$K_n = K_o \cdot q^n$

$q = 1 - \frac{p}{100}$

Wachstumsprozesse

W_o Anfangswert
W_n Wert nach n Schritten
n   Anzahl der Schritte
q   Wachstumsfaktor

Exponentielles Wachstum

$W_n = W_o \cdot q^n$

Zunahme für $q = 1 + \frac{p}{100}$

Abnahme für $q = 1 - \frac{p}{100}$

Mittelwert

Arithmetische Mittel
Mittelwert von n Zahlen
$x_1, x_2, \ldots x_n$:
$m = \frac{x_1 + x_2 + \ldots x_n}{n}$

Zentralwert

Wert in der Mitte der Rangliste
Fallunterscheidung bei geraden
Zahlenwerten:
Zentralwert ist der Mittelwert der beiden
mittleren Zahlen

Elektrizitätslehre

Gleichstrom

Größe	Formel/Definition	Abkürzungen (Einheit)
Ladung Q	$Q = I \cdot t$	Q Ladung (C)
elektrischer (ohmscher) Widerstand R	$R = \dfrac{U}{I}$	I Strom (A) t Zeit (s) R Widerstand (Ω) U Spannung (V)
Widerstand R eines Drahtes	$R = \rho \cdot \dfrac{l}{A}$	ρ spezifischer Widerstand $\left(\dfrac{\Omega \text{mm}^2}{\text{m}}\right)$ (ρ: ▶ S. 20) l Länge des Drahtes (m) A Querschnitt des Drahtes (mm²) R_G Gesamtwiderstand (Ω) U_G Gesamtspannung (V) I_G Gesamtstrom (A)
Ohmsches Gesetz (bei konst. Temperatur)	$\dfrac{U}{I} = \text{konst.}$	
Reihenschaltung von Widerständen	$R_G = R_1 + R_2 + \ldots + R_n$ $U_G = U_1 + U_2 + \ldots + U_n$ $I = I_1 = I_2 = \ldots = I_n$	
Parallelschaltung von Widerständen	$\dfrac{1}{R_G} = \dfrac{1}{R_1} + \dfrac{1}{R_2} + \ldots + \dfrac{1}{R_n}$ $U = U_1 = U_2 = \ldots = U_n$ $I_G = I_1 + I_2 + \ldots + I_n$	
Elektrische Leistung P	$P = U \cdot I$	P Leistung (W)
Elektrische Energie W	$W = P \cdot t$	W elektr. Energie (J)

Wechselstrom

Größe	Formel/Definition	Abkürzungen (Einheit)
Effektivwert der Spannung U_{eff}	$U_{eff} = \dfrac{\sqrt{2} \cdot U_{max}}{2}$	U bzw. I max-Wert (Scheitelwert)
Effektivwert des Stromes I_{eff}	$I_{eff} = \dfrac{\sqrt{2} \cdot I_{max}}{2}$	U_{max} Scheitelwert der Spannung (V) I_{max} Scheitelwert des Stromes (A)
Transformator	$\dfrac{U_1}{U_2} = \dfrac{n_1}{n_2}$ $\dfrac{I_1}{I_2} = \dfrac{n_2}{n_1}$ (unbelastet)	U_1, U_2 Spannung an der Primär- bzw. Sekundärspule (V)
Leistungsbilanz	$U_1 \cdot I_1 = U_2 \cdot I_2$	I_1, I_2 Strom in der Primär- bzw. Sekundärspule (A) n_1, n_2 Windungszahl der Primär- bzw. Sekundärspule

Elektrizitätslehre/Mechanik

Kondensator

Größe	Formel/Definition	Abkürzungen (Einheit)
Kapazität C	$C = \dfrac{Q}{U}$	C Kapazität (F) Q Ladung (C) U Spannung (V)
Parallelschaltung von Kondensatoren	$C_G = C_1 + C_2 + \ldots + C_n$	C_G Gesamtkapazität (F)
Reihenschaltung von Kondensatoren	$\dfrac{1}{C_G} = \dfrac{1}{C_1} + \dfrac{1}{C_2} + \ldots + \dfrac{1}{C_n}$	
Energie W eines geladenen Kondensators	$W = \dfrac{1}{2} C U^2$	W Energie (J)

Transistor

Größe	Formel/Definition	Abkürzungen (Einheit)
Ströme	$I_E = I_B + I_C$	I_E Emitterstrom (A) I_B Basisstrom (A) I_C Kollektorstrom (A)
Stromverstärkung β	$\beta = \dfrac{I_C}{I_B}$	

Gleichförmige Bewegung (F = 0)

Größe	Formel/Definition	Abkürzungen (Einheit)
Geschwindigkeit v	$v = \dfrac{s}{t}$	v Geschwindigkeit $\left(\dfrac{m}{s}\right)$ s Weg (m) t Zeit (s)

Gleichmäßig beschleunigte Bewegung (F = konst.)

Größe	Formel/Definition	Abkürzungen (Einheit)
Bewegung ohne Anfangsgeschwindigkeit	$s = \dfrac{1}{2} a \cdot t^2$ $v = a \cdot t$	s Weg (m) a Beschleunigung $\left(\dfrac{m}{s^2}\right)$ t Zeit (s) v Geschwindigkeit $\left(\dfrac{m}{s}\right)$
Bewegung mit Anfangsgeschwindigkeit	$s = v_0 \cdot t + \dfrac{1}{2} a \cdot t^2$ $v = v_0 + a \cdot t$	v_0 Anfangsgeschwindigkeit $\left(\dfrac{m}{s}\right)$

Mechanik

Gleichmäßig verzögerte Bewegung (F = konst.)

Größe	Formel/Definition	Abkürzungen (Einheit)
Bewegung mit abnehmender Geschwindigkeit	$s = v_0 \cdot t - \frac{1}{2} a \cdot t^2$ $v = v_0 - a \cdot t$	s Weg (m) v_0 Anfangsgeschwindigkeit $\left(\frac{m}{s}\right)$ t Zeit (s) a Verzögerung $\left(\frac{m}{s^2}\right)$ (a: ▶ S. 20)
Bewegung mit abnehmender Geschwindigkeit bis zum Stillstand ($v = 0$)	$s_{Br} = \frac{v_0^2}{2a}$ $t_{Br} = \frac{v_0}{a}$	s_{Br} Bremsweg (m) t_{Br} Bremszeit (s)

Freier Fall

Größe	Formel/Definition	Abkürzungen (Einheit)
Weg s	$s = \frac{1}{2} g \cdot t^2$	g Fallbeschleunigung $\left(\frac{m}{s^2}\right)$ (g: ▶ U 3)
Geschwindigkeit v	$v = g \cdot t$	v Geschwindigkeit $\left(\frac{m}{s}\right)$

Kreisbewegung

Größe	Formel/Definition	Abkürzungen (Einheit)
Zentralkraft F_Z (Zentripetalkraft)	$F_Z = \frac{m v^2}{r}$	F_Z Zentralkraft (N) m Masse (kg)
Bahngeschwindigkeit v	$v = \frac{2 \pi r}{T}$	v Bahngeschwindigkeit $\left(\frac{m}{s}\right)$ r Bahnradius (m) T Umlaufdauer (s)

Kräfte

Größe	Formel/Definition	Abkürzungen (Einheit)
Federkonstante D	$D = \frac{F}{s}$	D Federkonstante $\left(\frac{N}{m}\right)$
Hookesches Gesetz (im elastischen Bereich)	$\frac{F}{s}$ = konst.	F Kraft (N) s Längenänderung (m)
Newtonsches Kraftgesetz	$F = m \cdot a$	F beschleunigende Kraft (N) a Beschleunigung $\left(\frac{m}{s^2}\right)$
Gewichtskraft F_G	$F_G = m \cdot g$	F_G Gewichtskraft (N) g Fallbeschleunigung $\left(\frac{m}{s^2}\right)$ (g: ▶ U 3)
Reibungskraft F_R (in der Ebene)	$F_R = f \cdot F_G$	F_R Reibungskraft (N) f Reibungszahl (f: ▶ S. 20)

Physik

Mechanik/Optik

Größe	Formel/Definition	Abkürzungen (Einheit)
Schiefe Ebene: Normalkraft F_N Hangabtriebskraft F_H	$F_N = F_G \cdot \cos\alpha$ $F_H = F_G \cdot \sin\alpha$	
Reibungskraft F_R	$F_R = f \cdot F_N$	
Hebelgesetz	$F_1 \cdot a_1 = F_2 \cdot a_2$	F_1, F_2 Kräfte am Hebel (N) a_1, a_2 Kraftarme (m)

Arbeit/Energie/Leistung

Größe	Formel/Definition	Abkürzungen (Einheit)
Arbeit W	$W = F \cdot s$	W Arbeit (J) F Kraft in Wegrichtung (N) s Weg (m)
Reibungsarbeit W_R	$W_R = F_R \cdot s$	F_R Reibungskraft (N)
Potentielle Energie bzw. Lageenergie W_P (Hubarbeit)	$W_P = m \cdot g \cdot h$	W_P potentielle Energie (J) m Masse (kg) g Fallbeschleunigung $\left(\frac{m}{s^2}\right)$ (g: ▶ U 3) h Hubhöhe (m)
Kinetische Energie bzw. Bewegungsenergie W_K (Beschleunigungsarbeit)	$W_K = \frac{1}{2} m \cdot v^2$	W_K kinetische Energie (J) v Geschwindigkeit $\left(\frac{m}{s}\right)$
Spannenergie W_S (Spannarbeit)	$W_S = \frac{1}{2} D \cdot s^2$	W_S Spannenergie (J) D Federkonstante $\left(\frac{N}{m}\right)$ s Längenänderung (m)
Leistung P	$P = \frac{W}{t}$	P Leistung (W)

Optik

Größe	Formel/Definition	Abkürzungen (Einheit)
Brechkraft D	$D = \frac{1}{f}$	D Brechkraft (dpt) f Brennweite (m)
Abbildungsgleichungen (für dünne Linsen)	$\frac{B}{G} = \frac{b}{g} = \alpha$ $\frac{1}{f} = \frac{1}{g} + \frac{1}{b}$	B Bildgröße (m) G Gegenstandsgröße (m) b Bildweite (m) g Gegenstandsweite (m) α Abbildungsmaßstab

Reflexionsgesetz: Einfallswinkel gleich Reflexionswinkel – einfallender Strahl, reflektierter Strahl und das Lot liegen in einer Ebene.

Wärmelehre/Radioaktivität

Wärmelehre

Größe	Formel/Definition	Abkürzungen (Einheit)
Umrechnung Celsius-Temperatur thermodynamische Temperatur	$T = \left(\dfrac{\vartheta}{°C} + 273{,}15\right) K$	T thermodynamische Temperatur (K) ϑ Temperatur (°C)
Längenänderung fester Körper	$\Delta l = \alpha \cdot l \cdot \Delta T$	Δl Längenänderung (m) l Ursprungslänge (m) α Längenausdehnungskoeffizient (10^{-6}/K) (α: ▶ S. 20) ΔT Temperaturänderung (K)
Wärmeenergie W (Wärmemenge)	$\Delta W = c \cdot m \cdot \Delta T$	ΔW Wärmeenergieänderung (kJ) c spezifische Wärmekapazität (kJ/kgK) (c: ▶ S. 21) m Masse (kg)
Druck p	$p = \dfrac{F}{A}$	p Druck (Pa) F Kraft senkrecht zur gedrückten Fläche (N) A Fläche (m²)
Wirkungsgrad μ	$\eta = \dfrac{W_{Nutz}}{W_{Zu}}$	η Wirkungsgrad W_{Nutz}, W_{Zu} genutzte bzw. zugeführte Energie (J)
allgemeines Gasgesetz	$\dfrac{p \cdot V}{T} = \text{konst.}$	V Volumen (m³)

Radioaktivität

Größe	Formel/Definition	Abkürzungen (Einheit)
Aktivität eines radioaktiven Präparates A	$A = \dfrac{\Delta N}{\Delta t}$	A Aktivität (Bq) ΔN Anzahl der zerfallenen Atome Δt Zeitspanne (s)
Energiedosis D_E	$D_E = \dfrac{\Delta W}{\Delta m}$	D_E Energiedosis (Gy) ΔW übertragene Energie (J) Δm Masse (kg)
Äquivalentdosis D_Q	$D_Q = D_E \cdot q_F$	D_Q Äquivalentdosis (Sv) q_F Qualitätsfaktor (q_F: ▶ S. 21)

Halbwertszeit $T_{1/2}$: Zeitspanne, in der von einem radioaktiven Element durchschnittlich die Hälfte der Anfangszahl von Atome zerfallen ist, d. h. sich in andere Atome umgewandelt hat. (▶ S. 21)

Physik

Tabellenanhang

Elektrizitätslehre

Spezifischer Widerstand ρ (bei 18 °C)

Material	Ω mm²/m	Material	Ω mm²/m	Material	Ω mm²/m
Silber	0,016	Messing	0,08	Glas	10^{16}
Kupfer	0,017	Eisen	0,1	Glimmer	10^{19}
Aluminium	0,027	Konstantan (60 Cu/40 Ni)	0,49	Hartgummi	10^{19}
Wolfram	0,049	Kohle	50..100	Porzellan	10^{20}

Mechanik

Bremsverzögerung a (Durchschnittswerte)

Fahrbahn	m/s²	Fahrbahn	m/s²
trockener Asphalt	7	Schneebedeckte Fahrbahn	2
nasser Asphalt	6	Glatteis	1

Reibungszahl f

Kombination	Haftreibung/Gleitreibung	Kombination	Haftreibung/Gleitreibung
Holz–Holz	0,3..0,6 / 0,2..0,4	Stahl–Stahl	0,15...0,3 / 0,15...0,25
Gummi–Asphalt (Autoreifen)	0,4..0,8 / 0,3..0,6	Stahl–Eis	0,027 / 0,01
		Holz–Stein	0,7 / 0,3..0,4

(bei nicht trockenen Flächen sind die Werte um ca. 30% niedriger)

Wärmelehre

Schmelztemperatur (bei Normaldruck)

Stoff	°C	Stoff	°C	Stoff	°C
Luft	−213	Wasser	0	Kupfer	1083
Ether	−116	Benzol	6	Eisen	1535
Ethanol	−114	Blei	327	Quarzglas	1585
Quecksilber	−39	Aluminium	660	Wolfram	3390

Siedetemperatur (bei Normaldruck)

Stoff	°C	Stoff	°C	Stoff	°C
Luft	−193	Benzol	80	Aluminium	2400
Propangas	−42	Wasser	100	Kupfer	2582
Ether	35	Quecksilber	357	Eisen	2800
Ethanol	78	Blei	1750	Wolfram	5500

Mittlerer Längenausdehnungskoeffizient α (bei 18 °C)

Stoff	10^{-6}/K	Stoff	10^{-6}/K	Stoff	10^{-6}/K
Quarzglas	0,56	Beton	12,00	Messing	18,50
Porzellan	3,00	Eisen	12,00	Aluminium	23,80
Normalglas	8,20	Kupfer	16,80	Blei	29,40

Tabellenanhang

Spezifische Wärmekapazität c

Stoff	kJ/(kg K)	Stoff	kJ/(kg K)	Stoff	kJ/(kg K)
Blei	0,13	Beton	0,84	Öl	2,10
Kupfer	0,39	Sand	0,84	Eis	2,10
Eisen	0,45	Luft	1,01	Ethanol	2,40
Quarzglas	0,71	Wasserdampf	2,00	Wasser	4,18

Spezifische Schmelzwärme

Stoff	kJ/kg	Stoff	kJ/kg	Stoff	kJ/kg
Blei	25	Wolfram	192	Eis (Wasser)	334
Benzol	126	Eisen	270	Aluminium	404

Spezifische Verdampfungswärme

Stoff	kJ/kg	Stoff	kJ/kg	Stoff	kJ/kg
Benzol	394	Wasser	2257	Eisen	6322
Ethanol	854	Blei	4815	Aluminium	10539

Heizwert

Fester Brennstoff	kJ/kg	Flüssiger Brennstoff	kJ/l	Gasförmiger Brennstoff (bei 1 bar 20° C)	kJ/m³
Torf	16000	Brennspiritus	19000	Stadtgas	29000
Esbit	19000	Ethanol	21000	Erdgas	38000
trockenes Holz	19000	Benzin	32000	Butan (Campinggas)	45700
Braunkohlenbriketts	21000	Heizöl	34500	Propan	46500
Steinkohle	35500	Petroleum	35700	Wasserstoff	120000

Radioaktivität

Qualitätsfaktor q_F (Durchschnittswerte)

Strahlung	Faktor	Strahlung	Faktor	Strahlung	Faktor
Röntgenstrahlung	1	Betastrahlen β	1	schnelle Neutronen	10
Gammastrahlen γ	1	langsame Neutronen	2–3	Alphastrahlen α	5–20

Halbwertszeiten einiger Isotope $T_{1/2}$, Strahlungsart

Stoff	$T_{1/2}$	Stoff	$T_{1/2}$	Stoff	$T_{1/2}$
Kohlenstoff $^{14}_{6}C$	5760 a; β	Iod $^{128}_{53}I$	25 min; β	Thorium $^{232}_{90}Th$	$1,4 \cdot 10^{10}$ a; α
Chlor $^{38}_{17}Cl$	48 min; β	$^{131}_{53}I$	8,14 d; β	Uran $^{235}_{92}U$	$7,1 \cdot 10^{8}$ a; α
Kobalt $^{60}_{27}Co$	5,25 a; β	Radon $^{220}_{86}Rn$	55,6 s; α	$^{238}_{92}U$	$4,5 \cdot 10^{9}$ a; α
Strontium $^{90}_{38}Sr$	28 a; β	Radium $^{226}_{88}Ra$	1600 a; α	Plutonium $^{239}_{94}Pu$	$2,4 \cdot 10^{4}$ a; α

Periodensystem der Elemente

Erläuterung:
| 24,3 |
| Mg |
| 12 |

24,3 = Atommasse
Mg = Elementsymbol
12 = Ordnungszahl

Hauptgruppen

I	II	III	IV	V	VI	VII	VIII
1,0 H 1							4,0 He 2
6,9 Li 3	9,0 Be 4	10,8 B 5	12,0 C 6	14,0 N 7	16,0 O 8	19,0 F 9	20,2 Ne 10
23,0 Na 11	24,3 Mg 12	27,0 Al 13	28,1 Si 14	31,0 P 15	32,1 S 16	35,5 Cl 17	39,9 Ar 18
39,1 K 19	40,1 Ca 20	69,7 Ga 31	72,6 Ge 32	74,9 As 33	79,0 Se 34	79,9 Br 35	83,8 Kr 36
85,5 Rb 37	87,6 Sr 38	114,8 In 49	118,7 Sn 50	121,8 Sb 51	127,6 Te 52	126,9 I 53	131,3 Xe 54
132,9 Cs 55	137,3 Ba 56	204,4 Tl 81	207,2 Pb 82	209,0 Bi 83	209 Po 84	210 At 85	222 Rn 86
223 Fr 87	226 Ra 88	113	114	115	116	117	118

Nebengruppen

45,0 Sc 21	47,9 Ti 22	50,9 V 23	52,0 Cr 24	54,9 Mn 25	55,8 Fe 26	58,9 Co 27	58,7 Ni 28	63,5 Cu 29	65,4 Zn 30
88,9 Y 39	91,2 Zr 40	92,9 Nb 41	95,9 Mo 42	97 Tc 43	101,1 Ru 44	102,9 Rh 45	106,4 Pd 46	107,9 Ag 47	112,4 Cd 48
138,9 La 57	178,5 Hf 72	181,0 Ta 73	183,9 W 74	186,2 Re 75	190,2 Os 76	192,2 Ir 77	195,1 Pt 78	197,0 Au 79	200,6 Hg 80
227 Ac 89	261 Ku 104	262 Ha 105	106	107	108	109	110	111	112

Lanthaniden/Actiniden

140,1 Ce 58	140,9 Pr 59	144,2 Nd 60	145 Pm 61	150,4 Sm 62	152,0 Eu 63	157,3 Gd 64	158,9 Tb 65	162,5 Dy 66	164,9 Ho 67	167,3 Er 68	168,9 Tm 69	173,0 Yb 70	175,0 Lu 71
232,0 Th 90	231 Pa 91	238,0 U 92	237 Np 93	244 Pu 94	243 Am 95	247 Cm 96	247 Bk 97	251 Cf 98	254 Es 99	253 Fm 100	256 Md 101	256 No 102	257 Lr 103

Chemische Elemente

Elementname	Zeichen	Ord.-zahl	Elementname	Zeichen	Ord.-zahl	Elementname	Zeichen	Ord.-zahl
Actinium	Ac	89	Hahnium	Ha	105	Protactinium	Pa	91
Aluminium	Al	13	Helium	He	2	Quecksilber	Hg	80
Americium	Am	95	Holmium	Ho	67	Radium	Ra	88
Antimon	Sb	51	Indium	In	49	Radon	Rn	86
Argon	Ar	18	Iod	I	53	Rhenium	Re	75
Arsen	As	33	Iridium	Ir	77	Rhodium	Rh	45
Astat	At	85	Kalium	K	19	Rubidium	Rb	37
Barium	Ba	56	Kobalt	Co	27	Ruthenium	Ru	44
Berkelium	Bk	97	Kohlenstoff	C	6	Samarium	Sm	62
Beryllium	Be	4	Krypton	Kr	36	Sauerstoff	O	8
Bismut	Bi	83	Kupfer	Cu	29	Scandium	Sc	21
Blei	Pb	82	Kurtschatovium	Ku	104	Schwefel	S	16
Bor	B	5	Lanthan	La	57	Selen	Se	34
Brom	Br	35	Lawrencium	Lr	103	Silber	Ag	47
Cadmium	Cd	48	Lithium	Li	3	Silicium	Si	14
Caesium	Cs	55	Lutetium	Lu	71	Stickstoff	N	7
Calcium	Ca	20	Magnesium	Mg	12	Strontium	Sr	38
Californium	Cf	98	Mangan	Mn	25	Tantal	Ta	73
Cer	Ce	58	Mendelevium	Md	101	Technetium	Tc	43
Chlor	Cl	17	Molybdän	Mo	42	Tellur	Te	52
Chrom	Cr	24	Natrium	Na	11	Terbium	Tb	65
Curium	Cm	96	Neodym	Nd	60	Thallium	Tl	81
Dysprosium	Dy	66	Neon	Ne	10	Thorium	Th	90
Einsteinium	Es	99	Neptunium	Np	93	Thulium	Tm	69
Eisen	Fe	26	Nickel	Ni	28	Titan	Ti	22
Erbium	Er	68	Niob	Nb	41	Uran	U	92
Europium	Eu	63	Nobelium	No	102	Vanadium	V	23
Fermium	Fm	100	Osmium	Os	76	Wasserstoff	H	1
Fluor	F	9	Palladium	Pd	46	Wolfram	W	74
Francium	Fr	87	Phosphor	P	15	Xenon	Xe	54
Gadolinium	Gd	64	Platin	Pt	78	Ytterbium	Yb	70
Gallium	Ga	31	Plutonium	Pu	94	Yttrium	Y	39
Germanium	Ge	32	Polonium	Po	84	Zink	Zn	30
Gold	Au	79	Praseodym	Pr	59	Zinn	Sn	50
Hafnium	Hf	72	Promethium	Pm	61	Zirconium	Zr	40

Radioaktive Zerfallsreihen

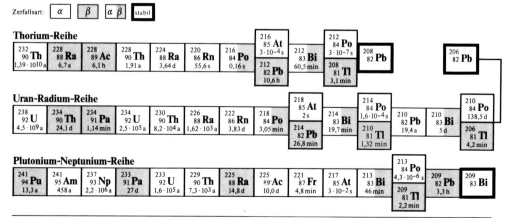

Technik

Schaltzeichen

Symbol	Name	Symbol	Name	Symbol	Name
	Leitungsverbindung		Klingel (Wecker)		Drehkondensator
	Batterie		Mikrofon		Masse
	Wechselspannung		Kopfhörer		Erde
(M)	Motor		Lautsprecher		Antenne
(V)	Voltmeter (Spannungsmeßgerät)		Widerstand	A ▷|◁ K	Diode
(A)	Amperemeter (Stromstärkemeßgerät)		einstellbarer Widerstand		Zenerdiode
⊗	Glühlampe		Potentiometer		Fotodiode
	Sicherung		Fotowiderstand		Leuchtdiode (LED)
	Spule		NTC-Widerstand (Heißleiter)		Fotoelement
	Spule mit Eisenkern		PTC-Widerstand (Kaltleiter)		npn-Transistor
	Relais mit Wechsler		Kondensator, allgemein		pnp-Transistor
	Transformator		Elektrolytkondensator		npn-Fototransistor

Gehäuseansichten von Transistoren von unten und von der Seite

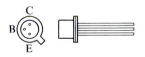   

TO 18 (z. B. BC 107)   TO 92 (z. B. BC 547)   TO 39 (z. B. BC 140)

sagt, daß während des Frondienstes der Israeliten in Ägypten
(und des Baus der Städte) ein König starb (Ex 2,23). Dieser König
könnte im Prinzip entweder Sethos I. oder Ramses II. gewesen
sein. Doch die Hypothese, es sei vom Tod Ramses' II. die Rede,
muß aus dem folgenden Grund verworfen werden: Dieser König
starb am Ende einer außergewöhnlich langen, siebenundsechzig
Jahre währenden Herrschaftszeit im Jahr 1212 v. u. Z. Archäologische Forschungen kommen aber zu dem Schluß, daß Jericho
um 1250 v. u. Z. von Josua eingenommen wurde; zu dieser Zeit
war Moses schon lange tot. Ramses II. ist daher nicht der König,
der während Mose Lebenszeit und der Knechtschaft der Juden
starb, sondern sein Vater Sethos I.

Die rätselhafte Gestalt Mose und das Dunkel, in dem viele wesentliche Punkte seines Lebens und Handelns liegen, haben zahlreiche
heterodoxe Theorien zum Alten Testament angeregt. So hat der
deutsche Ägyptologe Rolf Krauss 1997 argumentiert, der Prophet
sei kein anderer als Amenmes oder Amunmes, ein Sohn des Pharaos Sethos II. (1209–1205 v. u. Z.), und ihn so mit dem Usurpator
gleichgesetzt, der von 1205–1200 v. u. Z. über das Land herrschte
(»Moïse était-il un pharaon?« [War Moses ein Pharao?], *Le Figaro*,
28. August 1997). Ohne im einzelnen auf Krauss' Argumentation
einzugehen, scheint diese These aus mehreren Gründen kaum
stichhaltig: Zunächst datiert sie Moses in die Zeit nach der Einnahme Jerichos, was nach der von der Archäologie bestätigten Bibelgeschichte unmöglich ist. Weiter war der Usurpator, der zwischen
1205 und 1200 über Ägypten herrschte, ein syrischer König (vgl.
Adolf Erman, *Ägypten und ägyptisches Leben im Altertum*, neu
bearbeitet von Hermann Ranke, Tübingen 1923, 4. reprographischer Druck, Hildesheim 1987).

Eine andere Theorie verlegt Mose Geburt ins 15. Jahrhundert v.
u. Z., unter die Herrschaft von Thutmosis III. (1479–1425 v. u. Z.),
und zwar gestützt auf zwei Ansatzpunkte: erstens der Hinweis
im ersten *Buch der Könige* (6,1), der zwischen dem Auszug aus
Ägypten und dem Bau des Tempels Salomos (9. Jahrhundert v. u.
Z.) eine Zeitspanne von 480 Jahren nennt, und der Beschreibung

des Phänomens von Ebbe und Flut im Roten Meer bei der Flucht aus Ägypten (Ex 14,21-27). Man muß jedoch feststellen, daß die Angabe im *Buch der Könige* nur noch einmal die Erwähnung im Buch *Exodus* aufgreift, die besagt, daß die Israeliten zum Zeitpunkt des Auszugs seit 430 Jahren in Ägypten gewesen waren (Ex 12,40). Die beiden Angaben widersprechen sich, denn der Bau des Tempels begann selbstverständlich nicht sofort nach dem Auszug aus Ägypten.

Der zweite Anhaltspunkt scheint auf den ersten Blick vielversprechender. Er argumentiert, der Exodus habe um 1470 v. u. Z. stattgefunden, ein Datum, das unabhängig davon als Zeitpunkt des katastrophalen Vulkanausbruchs von Thera, das heutige Santorin, im Gedächtnis geblieben ist. Man hat festgestellt, daß der Vulkan bei diesem Ausbruch seinen ganzen Kern verlor und der Krater sich unter dem Meeresboden eingrub. Zuerst soll sich das Meer in diesen Krater ergossen haben, so daß ein ungeheurer Sog entstand, der das Rote Meer durch den »ersten Suezkanal«, viele Jahrhunderte vor dem heutigen gebaut, teilte; als das Wasser mit der Feuerglut in Verbindung kam, habe sich eine gewaltige Explosion ereignet, und es sei so zu einem Zurückweichen des Wassers in einer Flutwelle gekommen. Theoretisch hätten die Israeliten das Rote Meer bei der Ebbe also ohne allzu große Schwierigkeiten durchqueren können, während die anschließende Flut die Armeen des Pharao verschlungen hätte.

Doch trotz ihrer scheinbaren Plausibilität weist diese Theorie zahlreiche Brüche auf, von denen ich hier nur drei nennen möchte. Zunächst einmal: Selbst wenn es eine Ebbe gegeben hat, ist es ausgeschlossen, daß sie das Becken des Roten Meeres von allem Wasser geleert haben könnte, so daß die Israeliten es trockenen Fußes durchqueren oder durchwaten hätten können. Auch wenn im Becken des Roten Meeres das Wasser nur noch einen Meter hoch gestanden hätte, was höchst unwahrscheinlich ist, hätte die massive Strömung ein Durchziehen verhindert. Zum zweiten verwüstete die Flutwelle, die durch die Ebbe nach dem Vulkanausbruch von Thera verursacht wurde, alle flachen Küstengebiete des Mittelmeerraums, östlich wie westlich; die fliehenden Israeliten wären ebenso wie die Armeen des Pharaos von den ungeheuren Wasserwänden weggespült worden, die über einige Kilometer hinweg über das Land brandeten. Schließlich und vor allem verband der lange vor dem Suezkanal gebaute Kanal den Nil mit dem Roten Meer, nicht das Rote Meer mit dem Mittelmeer, und er wurde zudem erst im 6. Jahrhundert v. u. Z., bei der Besetzung Ägyptens unter dem Perserkönig Darius, vertieft – achthundert Jahre nach dem Exodus. Zur damaligen Zeit gab es also keinerlei große Verbindung zwischen den beiden Meeren, und die Hypothese von Ebbe und Flut ist null und nichtig. Dasselbe Schicksal erleidet die Theorie, Moses sei unter Thutmosis III. geboren worden.

Dennoch bleibt die Tatsache bestehen, daß die Auswirkungen des Vulkanausbruchs von Thera an der ägyptischen Küste und ganz besonders die außergewöhnliche Ebbe und Flut des Mittelmeeres bei den ägyptischen Völkerschaften, einschließlich der Hebräer, die damals, vor allem im Nildelta, bereits in Ägypten ansässig waren, sicher eine tiefe Erinnerung hinterließen. Man kann daher berechtigt den Schluß ziehen, daß die Autoren des Buches *Exodus* diese Ebbe- und Flutwelle bei der legendenhaften Rekonstruktion des Auszugs aus Ägypten wiederaufnahmen. Im zweiten Band dieses Werkes wird man sehen, daß es ein Phänomen ganz anderer Art war, das die Ägypter bei der Verfolgung der Israeliten ertrinken ließ.

Zur Erinnerung zitiere ich zwei andere Theorien. Die erste stützt sich auf die berühmte »Israel-Stele«, die 1895 von dem englischen Archäologen Flinders Petrie in der Nekropole von Theben entdeckt wurde. Sie datiert aus dem Jahr 5 der Herrschaft des Königs Merenptah (»Geliebter des Ptah«), auch Mineptah oder Merenptah genannt, dreizehnter Sohn und Nachfolger von Ramses II., letzter Abkömmling der 19. Dynastie, der nach dem Tod seines Vaters im Jahre 1213 v. u. Z. bis zum Jahr 1204 regierte. In der Übersetzung von Hermann Ranke liest sich die Inschrift dieser Stele wie folgt:

Die Fürsten werfen sich nieder und bitten »Friede!«
Keiner erhebt sein Haupt unter den neun Bogen.
Verwüstet ist Libyen, Cheta in Frieden,
Erbeutet das Kanaan mit allem Schlechten.
Gefangen geführt ist Askalon, / gepackt Gezer, /
   Jenoam vernichtet.
Israel – seine Leute sind wenig, sein Same existiert nicht
   mehr.
Syrien ist geworden zur Witwe für Tameri.
Alle Länder sind vereinigt in Frieden,
Jeder der umherstreifte, ist gefesselt.

Es ist ein Selbstlob; im Jahre 1208 v. u. Z. gibt der König seine Zufriedenheit kund: Ägypten hat in allen angrenzenden Gebieten für Ordnung gesorgt. Die Wirklichkeit sieht ein wenig anders aus. Seit den letzten Jahren unter Ramses II. hatte sich die militärische Position Ägyptens verschlechtert. Merenptah war gezwungen zu intervenieren – der Erfolg war von kurzer Dauer, denn der Niedergang der ägyptischen Militärmacht setzte sich nach seinem Tod fort, und auf den Thron folgte ihm der Usurpator Amenmes.

Im Kontext der Geschichte Mose ist die Stele deshalb von Bedeutung, weil sich auf ihr die erste historische Erwähnung Israels findet. Dank der vier Basreliefs, die Merenptah in Karnak meißeln ließ (im 19. Jahrhundert irrtümlicherweise seinem Vater zugeschrieben), weiß man, daß es im Jahre 1209 in Palästina eine Revolte gegeben hatte. So mußte Israel für die Unterdrückung durch die Ägypter (die im Alten Testament nicht erwähnt wird) bezahlen, und seine Getreidefelder wurden verbrannt. Jedenfalls beweist das Dokument, daß es im Jahre 1209 v. u. Z. in Palästina ein Volk Israel gab.

Es gibt auch die Übersetzung nach Etienne Drioton, die den Sinn wiedergibt: *Israel ist vernichtet, es gibt kein Getreide mehr,* doch die Interpretation *Israel – seine Leute sind wenig – sein Same existiert nicht mehr* würde bedeuten, Israels Nachkommenschaft sei vernichtet worden. Von da ist es nur ein Schritt zu der Schlußfolgerung, daß dieser Text auf einen Genozid an Kindern männlichen Geschlechts hinweise. Und eine Untersuchung der Mumie Merenptahs, deren große Beschädigungen von einem Ertrinkungstod in einer Flutwelle herrühren könnten, führt zu dem weiteren Schluß, er sei »unbestritten« der Pharao des Exodus.

Die weiter oben zitierten Punkte scheinen mir diese These zu widerlegen: Man müßte annehmen, der Exodus habe im Jahr 1204 stattgefunden... fast ein halbes Jahrhundert nach der Eroberung Jerichos!

Die zweite Theorie stammt von Pater Emmanuel Anati, Spezialist für die Archäologie des Sinai und Arabiens. Sie stützt sich auf zwei wesentliche Elemente: einerseits darauf, daß nirgendwo von einem Exodus von »Asiaten« (so wurden die Bevölkerungsgruppen des Sinai und des Nahen Ostens, einschließlich der Hebräer, genannt) aus Ägypten oder von den »zehn Plagen« berichtet wird; andererseits auf eine Beschreibung von – den »zehn Plagen« vergleichbaren – Katastrophen, die Ägypten heimgesucht haben sollen, in einem Text aus der 6. Dynastie mit dem Titel *Die Mahnreden des Ipuwêr* (2375–2181 v. u. Z.). Pater Anati, der noch eine Zahl anderer Analogien geltend macht, schließt daraus, der Exodus habe einige Jahrtausende vor der Zeit von Ramses II., unter der Herrschaft des Pharaos Pepi I. stattgefunden (Emmanuel Anati, *La Montagne de Dieu – Hai karkom*, Paris 1986).

Diese vierte Theorie wäre plausibel, gäbe es nicht zwei Einwände. Zunächst gibt es im Pentateuch historisch verifizierbare Erwähnungen der Städte Pitom und Pi-Ramses; diese zwei Städte jedoch existierten unter dem ersten König der 6. Dynastie Pepi I. nicht und waren noch nicht einmal geplant. Zweitens spricht gegen die Theorie, daß die Eroberung Jerichos (oder *eine* Eroberung Jerichos, die mit unserer Chronologie übereinstimmt) um das Jahr 1250 liegt. Man müßte also zwischen Moses und Josua eine Kluft von tausend Jahren legen und die Ankunft Josephs in Ägypten auf den Beginn des dritten Jahrtausends v. u. Z., das heißt, etwa fünfzig Jahre nach dem Bau der letzten der drei Pyramiden von Gizeh. In diesem Fall müßte man auch die wenigen historisch plausiblen Elemente des Pentateuch völlig verwerfen, um eine neue chronologische Rekonstruktion zu beginnen, die mir jedoch noch ärmer an Anhaltspunkten zu sein scheint als die unsere.

Aus all diesen genannten Gründen meine ich, daß Moses zu Beginn oder um die Mitte der Herrschaft Sethos' I. geboren wurde.

Kapitel 2:

1 Der Eigenname *Moses,* hebräisch *Mosche,* ist ein typisch altägyptisches Substantiv – *mes* oder *mesu,* je nach grammatikalischer Form, bedeutet »Kind«. Man findet es in zahlreichen ägyptischen Namen wie etwa Thutmes oder Thutmosis, »Kind des Thut«, Ames, »Kind des Ah«, Rames oder Ramses, »Kind des Re«, Amunmes, »Kind des Amun« etc. Moses kann keineswegs ein Vorname sein, und in Anbetracht seines explizit ägyptischen Ursprungs ist es offensichtlich ein verstümmelter Name. Moses hatte sicher einen zusammengesetzten Namen wie Nezmetmes, Sethmes, Ptahmes oder ähnliche, den man nie kennen wird, da die Überlieferung die ägyptische Vorsilbe, die seine direkte Abkommenschaft bezeichnete, aus offenkundigen Gründen eliminiert hat. Die hebräische Etymologie in Ex 2,10 (»Diese nahm ihn als Sohn an, nannte ihn Mose und sagte: Ich habe ihn aus dem Wasser gezogen«) ist durch die hebräische Grammatik schwer zu halten: Der hebräische Begriff *mache,* der *mosche* am ehesten entspräche, ist die erste Person Vergangenheit des Verbes *machah,* das *ziehen* bedeutet. Daraus ergäbe sich *der Herauszieher,* genau das Gegenteil dessen, was als Erklärung angeboten wird. Doch die radikalste Widerlegung der traditionellen biblischen Etymologie ist die Tatsache, daß eine ägyptische Prinzessin ganz einfach nicht hebräisch sprach.

Die verwirrendste Eigentümlichkeit des Namens Moses liegt

darin, daß er als einziges der drei Kinder des Amram keinen Namen hat, jedenfalls keinen hebräischen Namen wie seine Geschwister Aaron und Miriam. Wenn er seinem Volk als eindeutig hebräisch bekannt gewesen wäre, hätte man ihm sicher einen »richtigen« Namen gegeben, doch das ist nicht der Fall. Tatsächlich scheint er aber nicht bei den Hebräern aufgewachsen zu sein, wovon der Hinweis im *Exodus* zeugt: »Die Jahre vergingen, und Moses wuchs heran. Eines Tages ging er zu seinen Brüdern, den Israeliten, hinaus und schaute ihnen bei der Fronarbeit zu.« (2,11) Er war also bisher nicht mit ihnen zusammengewesen.
Die Geschichte, daß das drei Monate alte Kind, das nach dem königlichen Befehl, die männlichen Kinder der Hebräer umzubringen, in den Wellen des Nils ausgesetzt und von der Tochter des Pharaos gefunden wurde, während sie ihr Bad nahm (Ex 2,3-10), ist ganz offensichtlich eine romanhafte Fiktion für jene, die den Nil nie gesehen haben und die Sitten am ägyptischen Hof nicht kannten. Und man fragt sich dabei, warum sein Bruder Aaron nicht dasselbe Schicksal erlitt.
Der Bericht des *Exodus*, fünfhundert Jahre später geschrieben, wird gerade durch das Übermaß an Details über diese entscheidende Begebenheit, nämlich die Geburt dessen, der das Volk Israel begründet hat, suspekt. So wird erzählt, der Korb sei im Schilf der Uferböschung ins Wasser gesetzt worden. In diesem Fall wäre er dort auf ewig geblieben, festgehalten vom Schilf; es war unsinnig, ein zum Tode verurteiltes Kind auf diese Art verstecken zu wollen, da man es nicht in absehbarer Zeit wieder herausholen konnte; man hätte es also dem Hungertod ausgesetzt oder von Krokodilen oder Ratten verschlingen lassen. Berichtet wird auch, daß die Schwester des Mose sich in der Nähe der Stelle aufhielt, wo die »mit Pech und Teer« abgedichtete Wiege ins Wasser gelegt wurde, damit sie sah, was geschah; doch da der Korb festsaß, konnte nichts passieren.
Erstaunlich ist auch das Vorwissen der Prinzessin, die sofort einen kleinen Hebräer erkennt – woran? Sicher nicht an der Beschneidung, da auch ägyptische Knaben beschnitten wurden (üb-

rigens haben die Hebräer diesen Brauch wohl während ihres langen Aufenthalts in Ägypten angenommen).

Derselbe Bericht behauptet, »die Tochter des Pharaos« (die Wortwahl gibt fast zu verstehen, sie sei die einzige Tochter, während die Pharaonen angesichts der sehr hohen Kindersterblichkeit zahllose Kinder hatten und man etwa Ramses II. um die hundert zuschreibt) habe im Nil gebadet, und »ihre Dienerinnen gingen unterdessen am Nilufer auf und ab«. Diese Phantasievorstellung verkennt vollkommen die Sitten am Hof; die Ägypter waren von peinlicher Sauberkeit, und seit dem alten Reich badeten sich die ägyptischen Prinzessinnen in Badezimmern oder privaten Becken, die mit Brunnenwasser oder mit durch Sand gefiltertem Nilwasser gespeist wurden, und nicht wie Bäuerinnen im schlammigen Nil. Seit dreitausend Jahren v. u. Z. gab es in allen Königspalästen Badezimmer. Die Umstände, unter denen die Wiege Mose laut *Exodus* entdeckt worden sein soll, sind im Hinblick auf die Ägyptologie ganz einfach unwahrscheinlich.

Und schließlich gehorcht auch das Mitleid »der Tochter des Pharaos« den ewigen Gesetzen der volkstümlichen Fiktion; es wäre einer Königstochter schlecht bekommen, wenn sie sich durch die Rettung eines hebräischen Kindes dem Willen ihres Vaters widersetzt hätte, der beschlossen hatte, daß diese Knaben nicht überleben durften. Noch unwahrscheinlicher ist es, daß dieselbe Tochter des Pharaos nach dem angeblichen pharaonischen Befehl, alle hebräischen Knaben umzubringen, das Kind adoptiert haben soll. Sicher gab es in Ägypten die Adoption, wie unter anderem der Papyrus 1946.96 im Ashmolean Museum in London bezeugt, doch die Adoption eines zum Tode verurteilten Kindes durch eine Pharaonentochter ist eine kühne, wenn nicht gar verstiegene Hypothese. Die Adoption verlieh Moses tatsächlich die gleichen Rechte wie die eines Prinzen von ägyptischem Geblüt. Der Bericht des *Exodus* verrät daher sowohl die Unkenntnis der ägyptischen Bräuche als auch das zu späte Datum, an dem die beiden ursprünglichen Versionen des *Exodus* im 8. Jahrhundert v. u. Z., also noch einmal um die fünfhundert Jahre nach der traditionell angenommenen Existenz Mose, zusammengefaßt wurden (J für Jahvist, E für Elohist – vgl. R. E. Friedmann, *Wer schrieb die Bibel? So entstand das Alte Testament*, übs. von Hartmut Pitschmann, Darmstadt 1989). Der Text wurde für ein Publikum geschrieben, für das Ägypten ein fernes Land war, in dem etwa Prinzessinnen im Nil badeten, so wie man sich in Israel im unvergleichlich klareren Wasser des Jordan badete.

Die spontane Hagiographie des *Exodus*, der mit romanhaften und sogar naiven Elementen ausgeschmückt wurde, ist vollkommen verständlich. Es wäre undenkbar gewesen, Moses eine ägyptische Vorfahrenschaft zuzuerkennen; das hätte bedeutet, aus dem mutmaßlichen Autor des Pentateuch den Nachkommen von Götzendienern zu machen. Dennoch bestand die Überlieferung, er sei ein Vertrauter, wenn nicht gar ein Angehöriger am Hof des Pharaos gewesen, bis ins 1. Jahrhundert fort; Lukas, Verfasser der *Apostelgeschichte* (7,22), schreibt, daß Moses »in aller Weisheit der Ägypter« ausgebildet war: Das ist beträchtlich, ja außerordentlich mehr als das gewöhnliche Los von Hebräern, die gelegentlich am Königshof beschäftigt waren. »Moses genoß in Ägypten bei den Dienern des Pharaos und beim Volk hohes Ansehen«, behauptete bereits der *Exodus* (11,3).

Moses scheint also am Hof von Sethos I. und später von Ramses II. eine privilegierte Stellung eingenommen zu haben. Weiß man aber von der Feindseligkeit der Ägypter unter Ramses II. gegen die Hebräer, die vom *Exodus* selbst ausführlich geschildert wird, hätte das bei einem von einer Prinzessin adoptierten Findelkind nicht sein können. Man könnte allenfalls einräumen, daß Moses durch seine Intelligenz, nachdem er sie als Erwachsener hatte beweisen können, am Palast und in die königliche Familie aufgenommen wurde. Doch der *Exodus* selbst führt aus, daß Moses *seit seiner Kindheit* in dieser Familie weilte: »Die Jahre vergingen, und Moses wuchs heran. Eines Tages ging er zu seinen Brüdern, den Israeliten, hinaus und schaute ihnen bei der Fronarbeit zu.« (2,11) Das heißt unmißverständlich, daß Moses bis zum Alter der Reife das Los der Hebräer nicht kannte. Er befand sich also im Umkreis des Königs, und das konnte er nur als Sohn dieser Prinzessin.

Man muß hier daran erinnern, daß die Legitimität im alten Ägypten nur von der Mutter kam, daher heirateten auch die Pharaonen, die den Thron bestiegen, symbolisch (aber nicht immer nur symbolisch) ihre Schwestern; der Vater zählte nur wenig. Da die Vorgänge der Empfängnis geheimnisvoll waren, war das Kind in erster Linie Sohn der Mutter. Hätte »Moses« keinen hebräischen Vater gehabt, wäre er ein vollwertiger ägyptischer Prinz gewesen. Doch sein Vater, ein Apiru, gehörte einer Klasse an, die als minderwertig galt, da man Söldner und Hilfsarbeiter aus ihr rekrutierte.

2 Göttin des Himmels, manchmal mit Hathor gleichgesetzt.

Kapitel 3:

1 Wie lange die Hebräer schon in Ägypten weilten, kann man nach dem aktuellen Kenntnisstand unmöglich genau bestimmen, wenn man sich allein auf den Pentateuch stützt. Dieser gibt für die Nachkommenschaft Levis drei Geschlechter (Ex 6,16-20) und sieben für die Josephs an (Num 27,1). Als Gott seinen Bund mit Abraham schloß, kündigte er ihm eine Knechtschaft von 400 Jahren an (Gen 15,13), eine Zahl, die im *Exodus* (12,40) auf 430 erhöht wird. Sicherlich darf man die Angaben des Alten Testaments nicht wortwörtlich nehmen, aber anstatt anzunehmen, daß alle Hinweise dieses Buchs aus der Luft gegriffen sind, muß man davon ausgehen, daß sie einige auf Fakten beruhende Auskünfte geben, die von seinen verschiedenen Autoren sogar modifiziert wurden.

Der erste Hinweis auf die Hebräer, Hapiru oder Apiru, geht bis zum Ende des 13. Jahrtausends zurück; das war die Zeit, in der kriegerische Nomaden, darunter die Hyksos, in Wellen von Mesopotamien zum Mittelmeer zogen und dabei plünderten. Sie

sprachen westsemitische Sprachen, darunter das Hebräische. Mesopotamische Schrifttafeln bezeichnen sie mit Apiru, was »staubig« bedeutet, eine knappe Beschreibung der Nomaden. Am Ende der Bronzezeit, das heißt zu Beginn des 2. Jahrtausends v. u. Z. (unter der 12. Dynastie), bezeichneten auch ägyptische Texte sie mit diesem Namen, und sie bezogen sich nicht auf die Beduinen, deren Migrationen regelmäßig waren, die der Apiru hingegen nicht. Diese waren in Banden von etwa zweitausend Menschen unter Leitung eines Kriegsherrn organisiert. Abraham scheint einer dieser Kriegsherren gewesen zu sein, da die *Genesis* uns mitteilt, daß er nicht weniger als dreihundertachtzehn Diener zählte, die »in seinem Hause geboren« waren. Überdies scheinen die Apiru eine höhere Kultur gehabt zu haben als die anderen Nomaden. Sie waren unterteilt in Sippen, von denen eine den expliziten Namen YWH trägt, das Tetragramm des Namen Gottes – in lateinischer Schreibweise also Yahweh. Die Apiru wären somit seit der 12. Dynastie im Delta ansässig gewesen, in einer Zeit, an deren Beginn die Königsmacht, wie schon gesagt, schwach war. Man weiß nicht, ob sie sich dort dauerhaft niedergelassen haben oder ob sie sporadisch eingefallen sind.
Ebenso steht fest, daß Hebräer in den Gebieten unter ägyptischer Kontrolle, darunter Palästina, den ägyptischen Obrigkeiten über vierhundert Jahre später, unter der Herrschaft von Thutmosis III., im 15. Jahrhundert v. u. Z., Probleme bereitet haben. Um sie im Zaum zu halten, warben diese Obrigkeiten sie als Söldner für ihre Armeen oder später für den Tempeldienst der Göttin Hathor oder des Amun in Theben an (P. Johnson, *A History of the Jews*, New York 1988; J. M. Modrzejewski, *Les Juifs d'Egypte*, a. a. O.). Die Rekrutierung in den Staatsdienst weist auf eine Seßhaftwerdung der Hebräer hin.
Wenn man sich auf die weiter oben dargestellte Hypothese stützt (vgl. Kap. 1, Anm. 3), gemäß der Moses unter der Herrschaft von Sethos I. geboren ist, wären die Hebräer zum Zeitpunkt seiner Geburt also über vierhundert Jahre in Ägypten ansässig gewesen. Dann hätten sie unter den beiden Dynastien der Hyksos-Könige,

der 15. und 16. Dynastie von 1790–1580 v. u. Z. dort gelebt. Sie scheinen sogar, wenn man so sagen kann, »im Gepäckwagen« der Hyksos gekommen zu sein. Der Pharao, der Joseph erlaubt hatte, seinen Vater und seine Brüder »im Land Goschen« (dem Delta) anzusiedeln, war daher ein Hyksos.

Hier sind drei genauere Hinweise notwendig. Zunächst einmal ist das Zwischenspiel der Besetzung Ägyptens durch die Hyksos für den Status der Hebräer in diesem Land von Bedeutung. Im Gegensatz zu dem, was die ägyptischen Texte, vor allem der sehr späte ägyptische Historiker Manetho, zu verstehen geben, waren die Hyksos (auf altägyptisch *heguau khasut,* das heißt »Hirtenkönige«, ein Name, den die Griechen zu »Hyksos« deformierten) keineswegs die gottlosen Barbaren, die die ägyptische Kultur, Religion und Überlieferung durcheinanderbrachten. Gewiß hatten sie einen Gott »importiert«, den Ägyptern zufolge den »Gott der Verwirrung«, der das Böse repräsentierte und in der ägyptischen theologischen Legende mutmaßlicher Mörder des Osiris war. Aber Seth wurde von der offiziellen Religion der Ägypter ziemlich rasch übernommen, wie Sethos, der Name des Pharaos, und die Tatsache, daß man ihm ein (von Hebräern gebautes) Heiligtum in Auaris weihte, bezeugen. Die Hyksos haben die ägyptische Religion bewahrt, und ihre Könige übernahmen für ihre offiziellen Namen das Suffix Re, was ihre Verehrung für diesen höchsten Gott zeigt. Die Hyksos bewahrten die staatlichen Strukturen Ägyptens und brachten die ägyptische Kriegskunst entscheidend voran; so lehrten sie die Ägypter, neben anderen Wohltaten, den Gebrauch von leichten Streitwagen.

Ihr einziger Fehler bestand darin, daß sie Fremde und zugleich die Herren des Landes waren. Nach der Rückeroberung der Macht durch den Pharao Amosis (1552–1526 v. u. Z.) wurden die Hyksos den Ägyptern verhaßt. Aber nicht nur sie, auch ihre Verbündeten, die Hebräer. Diese waren tatsächlich aus derselben Gegend wie die Hyksos gekommen; ihre Sprachen waren verwandt, vielleicht auch ihre Religionen. Sie hatten allen Grund, sich zu vertragen. Aber dann zogen die Hyksos wieder weg, und die Hebräer blieben. Vom Status der Verbündeten der Landesherren sanken sie im neuen Reich zu einer Bevölkerungsgruppe zweiter Klasse herab, die fronpflichtig war. Sie konnten das Land nur verlassen, indem sie sich wieder nach Osten wandten; das war der Exodus, den Moses organisierte.

Zweiter Hinweis: Als potentielle Sklaven waren sie für die Ägypter billige Arbeitskräfte für die großen Arbeiten, die im Gange waren, aber man durfte ihnen keine zu große demographische Expansion gestatten, die politisch gefährlich werden konnte. Der *Exodus* sagt es ganz deutlich: »Je mehr man sie aber unter Druck hielt, um so stärker vermehrten sie sich und breiteten sich aus, so daß die Ägypter vor ihnen das Grauen packte. Daher gingen sie hart gegen die Israeliten vor und machten sie zu Sklaven. Sie machten ihnen das Leben schwer durch harte Arbeit mit Lehm und Ziegeln und durch alle möglichen Arbeiten auf den Feldern. So wurden die Israeliten zu harter Sklavenarbeit gezwungen.« (Ex 1,12-14) Außerdem machten Banden von Hebräern den Ägyptern in Palästina schwer zu schaffen, sogar während Hebräer im Delta ansässig waren. Man mußte befürchten, daß die Hebräer von Palästina jenen im Delta zu Hilfe kamen; die ägyptische Macht riskierte dabei, einen Teil Unterägyptens zu verlieren. Die Erwähnung eines Versuchs, durch die Tötung von Neugeborenen eine demographische Kontrolle auszuüben, ist daher vollkommen plausibel.

Dritter Hinweis: Zur Zeit Sethos' I. erholte sich die ägyptische Macht von der gravierenden Schwächung sowohl in der Innen- wie der Außenpolitik, die durch die katastrophale Herrschaft des Pseudo-Monotheisten Echnaton ausgelöst worden war, während der alle Provinzen Asiens verlorengegangen waren. Die Widerspenstigkeit der Hebräer in Ägypten und die Aufruhrstimmung jener in Palästina waren für die Ägypter Anlaß zu Besorgnis und Feindseligkeit gegenüber den Hebräern. Sie verstärkten ihre Wachsamkeit im Hinblick auf die »galoppierende« Bevölkerungszunahme der Hebräer.

Eine Schlußfolgerung ergibt sich aus diesen Hinweisen mit Sicherheit: Das Klima zwischen Ägyptern und Hebräern war bestimmt nicht von Vertrauen geprägt. Erstere hätten es also nicht geduldet, daß ein reiner Apiru die hohen Ämter besetzte, die Moses im Königreich innehatte. Tatsächlich hat man seit Joseph, der im übrigen von einem Hyksos-König »ägyptisiert« wurde, keinen Hebräer mehr das geringste öffentliche Amt im Königreich innehaben lassen (Ausnahme ist im 12. Jahrhundert v. u. Z. ein gewisser Ben Hazen, der jedoch auch nur Mundschenk des Königs Mineptah war).

Kapitel 4:

1 Natürlich waren die ägyptischen Dokumente des Alltagslebens nicht in Hieroglyphen, sondern in einer fließenden Konsonantenschrift geschrieben, die man hieratisch nennt; eine Art Stenographie der Hieroglyphen. Unter dem alten Reich geschaffen, entwickelte sie sich im Laufe der Jahrhunderte weiter, zugleich mit der Entwicklung der Sprache (die zur Zeit des Ramses fühlbar degeneriert war).

2 Im allgemeinen schätzt man heutzutage die Bedeutung geschriebener Texte im alten Ägypten, und das heißt, das Lesen und Schreiben, nicht hoch genug ein. Das gilt sowohl für das alte, das mittlere wie für das neue Reich. Ägypten war ein bemerkenswert »alphabetisiertes« Land, um einen zeitgenössischen Begriff zu benutzen. In diesem Königreich mit hochentwickelter Verwaltung, in den *Nomoi*, d. h. in den Provinzen oder Verwaltungsbezirken Unter- und Oberägyptens ebenso wie in den eroberten Gebieten, passierte nichts, ohne daß ein schriftliches Dokument abgefaßt wurde. Es gab Legionen von Schreibern, die sämtliche öffentlichen oder privaten Transaktionen genau verzeichneten, vom Verkauf eines Grundstücks bis zum Versand von Stoffen, von einer Erbschaft bis zu den Kosten der Einbalsamierung, und natürlich hatte auch die Armee ihre Schreiber, die auf Papyrus

(oder sogar auf Holz) den Sold der Einberufenen, den Zustand der Zeughäuser, der Pferdeställe und der Vorratsspeicher, die Reparaturkosten von Kampfwagen, die Waffenbestellungen usw. festhielten. »Geschäftsbriefen fügte man gern die Bemerkung bei: *Bewahrt meinen Brief auf, damit er euch für die Zukunft als Zeugnis diene*« (Erman/Ranke, Ägypten und ägyptisches Leben im Altertum, a. a. O., S. 127). Erman und Ranke konnten in dieser Hinsicht von einer »Schreibwut« (S. 125) sprechen. Eine fein zugespitzte Binse hinter dem Ohr und die Papyrusrolle immer zur Hand, war der Schreiber dennoch eine subalterne Figur, mit Ausnahme der Richter, die »Chefschreiber« ihrer Distrikte waren.

Da Moses, wie der *Exodus* sagt, im Palast lebte, bis er herangewachsen war, ist es daher sicher, daß er die ägyptische Sprache gelernt und beherrscht hat.

3 Diesen Posten hat es im neuen Reich tatsächlich gegeben (die stellvertretende Leitung der Schreiber der Königsurkunden war eine der Kompetenzen der großen Gouverneure von Unter- und Oberägypten), aber man weiß nicht, welches Amt Moses bekleidet hat, es könnten auch zahlreiche andere gewesen sein. Um in »sehr hohem Ansehen« zu stehen, wie es im *Exodus* heißt, mußte er obligatorisch der Verwaltung angehören: Richter, Gouverneur oder stellvertretender Gouverneur eines Verwaltungsbezirks, Leiter oder stellvertretender Leiter einer Abteilung des Schatzhauses, Truchseß und Schreiber des Königs etc. Die Ämter, die ich für ihn gewählt habe, scheinen mir durch die Erfahrung gerechtfertigt, die Moses von den Leiden der Hebräer gewann, wie im *Exodus* angedeutet wird, Leiden, die am häufigsten bei öffentlichen Bauarbeiten zu beobachten waren (vgl. Anm. 1, Kap. 6).

4 Es scheint zudem, daß Moses die vom *Exodus* beschriebene bedeutende Persönlichkeit nur durch ein königliches Reskript werden konnte, das bei einer königlichen Audienz gewährt wurde.

Er mußte daher mindestens eine direkte Unterredung mit Sethos I. gehabt haben.

Kapitel 5:

1 Ab der 18. Dynastie verwandten die männlichen Ägypter der Oberschicht mindestens ebensoviel Aufmerksamkeit auf ihre Erscheinung wie die Frauen. Die Kleidung wurde ganz erstaunlich raffiniert und kompliziert, ein Beispiel etwa sind die plissierten Prunkgewänder mit den beschwerten Säumen. Schmuck für Männer – Brustschmuck, Armreifen und Ringe – wurde immer häufiger getragen und war Gegenstand des Wetteiferns.

2 Seit dem Mittleren Reich beherrschten die Ägypter die Vogeljagd mit Hilfe eines S-förmigen Wurfholzes, das an den Bumerang, den die australischen Aborigines verwendeten, erinnert.

3 Das genaue Alter, in dem der künftige Ramses II. zu Lebzeiten seines Vaters Sethos I. und auf seinen Willen hin den Titel des Regenten des Königreichs erhielt, kennt man nicht. Einige Hinweise erlauben jedoch die Vermutung, daß er noch ein ganz junger Mann war. Im ungewöhnlichen Alter von zehn Jahren zum Hauptmann der Armee ernannt, erhielt er eine militärische Erziehung und begleitete seinen Vater bei seinen Feldzügen. Ohne Zweifel wurde er erst einige Jahre später zum Regenten ernannt, als die militärische und administrative Erfahrung des jungen Prinzen gewährleisteten, daß die mit diesem Titel verbundene Macht durch eine genügende Autorität gestützt wurde. Meiner Ansicht nach konnte das kaum der Fall sein, bevor er sechzehn oder siebzehn Jahre alt war.

4 Alle ägyptischen Zeugnisse stimmen darin überein, daß bei den Ägyptern der Pharaonenzeit absolute sexuelle Freiheit herrschte. Die späteren Begriffe von Scham waren ihnen unbekannt. So tau-

chen auch männliche und weibliche Sexualorgane in den Texten der Hieroglyphen häufig auf.

Kapitel 6:

1 In den ägyptischen Garnisonen gab es tatsächlich Libyer.

2 Seit ihrem Erscheinen in Ägypten waren die Hebräer in Unterägypten und im Deltagebiet konzentriert. Es gibt keinerlei Hinweis auf die Zahl der Hebräer, die unter Sethos I. und Ramses II. in dieser Gegend ansässig waren. Bei ihrer Ankunft unter den Hyksos kann ihre Zahl kaum unter ein paar hundert und kaum über zwei- oder dreitausend gewesen sein, da sie letztere sonst beunruhigt hätten. Tatsächlich sind nicht alle zwölf Stämme (eine künstliche Zahl, die überdies nicht auf die Zustimmung aller Spezialisten stößt) nach Ägypten gezogen; zahlreiche Hinweise im Alten Testament (Gen 34,20-29; Num 21,1-3; Num 33,41-49 ...) zeugen von Eroberungen der Hebräer und einer kontinuierlichen Ansässigkeit jenseits des Sinai. Ein großer Teil, wenn nicht sogar die Mehrzahl der Stämme war in Palästina und den benachbarten Gebieten geblieben. In Ägypten befand sich also nur ein Bruchteil des gesamten hebräischen Volkes.

Vierhundert Jahre später hatte dessen demographische Expansion wahrscheinlich – der Begriff ›wahrscheinlich‹ ist angebracht, weil es keinerlei historischen Anhaltspunkt für diese Expansion oder die Reaktion der Ägypter oder gar für einen Genozid an männlichen Säuglingen durch die Ägypter gibt – ein Ausmaß erreicht, das die Ägypter beunruhigte und ihnen zugleich zupaß kam. Sie beunruhigte sie, weil die Hebräer nicht in das ägyptische Volk integriert waren und einen fortwährenden Unruheherd darstellten, doch sie kam ihnen auch gelegen, weil sie ein zweckdienliches und wahrscheinlich schlecht bezahltes Arbeitskräfteheer für die großen Bauarbeiten unter Sethos I. und

Ramses II. stellten. Doch wo lag die Schwelle, ab der die hebräische Population den Ägyptern ernsthaft hätte Sorgen machen können?
Der Pentateuch bietet kaum zuverlässige Angaben; das Buch *Exodus* spricht von sechshunderttausend Männern, ohne die Angehörigen zu zählen; das ist übertrieben hoch: Das hätte eine Bevölkerung von mindestens eineinhalb Millionen Personen bedeutet, was einem Massenaufbruch von so vielen Menschen innerhalb von ein oder zwei Tagen jegliche Wahrscheinlichkeit nimmt. Nur die komparative Methode kann auf die Spur einer Schätzung führen. Wir wissen, daß Flavius Josephus im 1. Jahrhundert n. Chr. die Bevölkerung des römischen Ägyptens auf siebeneinhalb Millionen schätzte (*Geschichte des jüdischen Krieges*, Bd. II). Berücksichtigt man die Tatsache, daß Mitte des 20. Jahrhunderts die Geburtenrate in Ägypten bei 44,5 auf 1000 Einwohner und die Sterberate bei 25 auf 1000 Einwohner lag, kommt man pro Jahrhundert auf ein Anwachsen der Bevölkerungszahl von 1950 Personen auf 1000 Einwohner, was in groben Zügen bedeutet, daß sich die Bevölkerung dieses Landes in jedem Jahrhundert verdoppelte.
Sicherlich kann man dieses Modell nicht unverändert auf das alte Ägypten anwenden, wo die Kindersterblichkeit höher war als im Ägypten des 20. Jahrhunderts und die Lebenserwartung nicht über 45 Jahre hinausreichte. In Ermangelung statistischer Bezugspunkte kann man jedoch vermuten, daß die Bevölkerung sich im günstigsten Fall alle vierhundert Jahre verdoppelte. Zudem ist es unmöglich, die Zahl der demographischen Aderlässe durch die zahlreichen Kriege, die dieses Land führte, und durch die Epidemien, die die Bevölkerung dezimierten, zu bestimmen.
Die zehn Plagen Ägyptens sind sicher keine Erfindung, zumindest nicht ganz. Als Beispiel für den Einfluß von Epidemien sei Mexiko nach der spanischen Eroberung genannt: 1520 zählte das Volk der Azteken etwa 20 Millionen Menschen; nach der Ankunft eines einzigen pockenkranken Sklaven aus Kuba war sie

ein Jahrhundert später, im Jahr 1618, auf 1,6 Millionen gesunken (J. Diamond, *Guns, Germs and Steel. The Fates of Human Societies*, New York 1997).
Doch im Laufe der ägyptischen Geschichte wird keine Epidemie von solcher Bedeutung erwähnt. Man kann also annehmen, daß die Expansion der ägyptischen Bevölkerung, abgesehen von einigen Höhepunkten der Sterblichkeitsrate, relativ stabil verlief. Das würde darauf hinweisen, daß die Population im Niltal im 13. Jahrhundert v. u. Z. bei ein bis eineinhalb Millionen Bewohnern lag, je ein Drittel davon in Unterägypten, in Mittelägypten und in Oberägypten. Mit einer Gesamtbevölkerung von etwa einem Drittel, also zwischen 300 000 und 500 000 Menschen, wäre also im Delta eine »nicht assimilierte« Gruppe als »belastend« erklärt worden, die etwa aus dreißigtausend Menschen bestand. Unter dieser Zahl hätten die Hebräer tatsächlich nicht das Arbeitskräftereservoir stellen können, das für Ägypten nützlich war.

3 Wenn man die weiter oben dargestellte Chronologie akzeptiert, ist klar, daß Moses, der »in Ägypten bei den Dienern des Pharaos [...] hohes Ansehen genoß«, seit der Regentschaft des künftigen Ramses II. unter dessen direktem Befehl stand. So wurde er veranlaßt, in Kontakt mit den Hebräern zu treten, die beim Bau der Befestigungen in den Oasen und im Delta eingesetzt wurden, die im Laufe der letzten drei Jahrzehnte wiederentdeckt wurden (vgl. H. de Saint-Blanquat, »Les grandes capitales du Delta« und »Découvertes dans les oasis«, in: *Science & Avenir*, Sonderheft Nr. 30). Mit dem doppelten Titel – Hauptmann der Armee und Regent – hatte Ramses in der Tat den entscheidenden Einfluß auf alle Befestigungswerke des Königreichs gegen die Invasoren von West und Ost, und auch auf die Errichtung der Städte im Delta, von denen das Buch *Exodus* spricht.
Die Hypothese, Moses sei eine Art oberster Verwalter der ägyptischen öffentlichen Bauten in Unterägypten gewesen, stützt sich auf folgende drei Punkte:
a) Wir wissen, daß er »in Ägypten hohes Ansehen genoß«; eine

solche herausragende Position konnte er aber nur im Klerus, im Heer oder in der Verwaltung einnehmen. Daß er dem Klerus angehört haben soll, scheint ausgeschlossen, zunächst aufgrund seiner teilweise hebräischen Herkunft, und schließlich, weil seine Ausbildung zum Priester ihm keine Muße gelassen hätte, sich für das Los der Hebräer in Ägypten zu interessieren. Außerdem tragen die religiösen und juristischen Strukturen, die er den Hebräern gegeben hat, keinerlei Spuren ihrer ägyptischen Entsprechungen (ganz zu schweigen von der vereinigenden Rolle Jahwes in seiner Theologie, die mit der ägyptischen Theologie nichts zu tun hat).

b) Es ist wenig wahrscheinlich, daß Moses in der Armee einen Rang einnehmen konnte, der diesem »hohen Ansehen« entsprach. Sicher gab es in den ägyptischen Führungsstäben außer den Prinzen von Geblüt auch Günstlinge (vgl. Ch. Desroches-Noblecourt, »L'armée égyptienne à la XIXe dynastie«, in: *Ramses II, la véritable histoire*, Paris 1996), aber in diesem Falle wäre Moses ständig auf Feldzügen unterwegs gewesen und hätte wiederum wenig Muße gehabt, sich für die Hebräer zu interessieren. Um diese beiden Einwände zusammenzufassen, möchte ich noch sagen, daß der Korpsgeist in Klerus und Armee Moses absorbiert und ihm genügend Befriedigung geboten hätte, so daß er nicht auf den Gedanken gekommen wäre, sich an die Spitze der hebräischen Völkerschaften zu stellen.

c) Seine teilweise hebräische Abkunft bestimmte ihn logischerweise für Funktionen, bei denen er die Verantwortung für die Beziehungen zu den Hebräern übernahm. Solche Funktionen waren am wahrscheinlichsten im öffentlichen Bauwesen, da hier die Hebräer die hauptsächliche Arbeitskraft stellten. In der Episode über die Ermordung des brutalen Aufsehers (Ex 2,11-14) wird gesagt, daß Moses am nächsten Tag auf die Baustelle zurückkehrte; er hatte dort also zu tun, und das legt die Vermutung nahe, daß er zur Verwaltung und genauer zu der Abteilung gehörte, die das öffentliche Bauwesen leitete.

Kapitel 7:

1 Kupferstück mit einem Gewicht von 91 Gramm, das als Werteinheit im Tauschhandel diente. Bis zur hellenistischen Eroberung existierten in Ägypten keine geprägten Münzen.

2 Die Zeitmessung bei den alten Ägyptern war etwa dieselbe wie bei uns: Sie hatten das Jahr in 365¼ Tage geteilt; es gab 12 Monate zu je dreißig Tagen und fünf Ergänzungstage. Tag und Nacht wurden jeweils in zwölf Stunden geteilt; gemessen am Tag von Sonnenuhren und bei Nacht (ab dem Neuen Reich, d. h. unter Ramses II.) von Wasser- oder Auslaufuhren.
Die relative Unvollkommenheit des Systems lag an dem Vierteltag und an der Tatsache, daß die Sommerstunden natürlich länger waren als die Winterstunden.

3 Die Fortschritte der Ägyptologie im 20. Jahrhundert haben verdeutlicht, daß die ägyptischen Amtstitel in ihrer riesigen und manchmal verwirrenden Fülle tatsächlich anderen Realitäten entsprachen, als die Bezeichnungen dem modernen Blick suggerieren. So war etwa der Hohepriester eines Tempels zugleich oberster Leiter der mit diesem Tempel verbundenen Baumaßnahmen, was aus ihm eine Art Bauunternehmer machte. Aber er erfüllte auch die Funktion eines Kerkermeisters, da sich in den Tempeln Gefängnisse befanden, in denen die Angeklagten präventiv eingesperrt wurden, während sie auf die Untersuchung ihres Falles und ihre Strafe warteten. Die verschiedenen Beamten bei der Registrierung der Königsurkunden waren sicherlich nicht nur Archivare, sondern als Träger des Rechts auch Garanten der Anwendung dieses Rechts, im weitesten Sinne vielleicht an unser Verfassungsgericht erinnernd.
Moses als »Persönlichkeit hohen Ansehens« im Königreich hatte daher umfassende Kenntnisse über die Verwaltung und deren Regelungen. Das Ägypten der Pharaonen war in der Tat eines der bürokratischsten Länder der Geschichte und niemand

konnte dort die geringste Tätigkeit ohne offizielle Übertragung ausüben.

4 Das Pferd tauchte in Ägypten zur selben Zeit auf wie der Wagen, im 17. oder 16. Jahrhundert v. u. Z., unter den Dynastien der Hyksos. Anscheinend lieferte ein arischer Stamm vom oberen Euphrat und Tigris, die sogenannten *Churri*, durch Vermittlung der Kanaanäer Pferde nach Ägypten (vgl. A. Erman/H. Ranke, *Ägypten*, a. a. O.). Esel und Maultier, auf denen die Ägypter seit dem Neuen Reich reiten durften, blieben dennoch beim Volk die beliebtesten Reittiere, während das Pferd anscheinend eher dem Adel vorbehalten war. Die Reitkunst erforderte allerdings zu jener Zeit gewisse sportliche Fähigkeiten, da es keine Steigbügel gab.

Kapitel 8:

1 Es gab in Ägypten einen Fiskus, und zahlreiche Dokumente beweisen, daß seine Wachsamkeit gegenüber den Reichen nicht geringer war als gegenüber den Armen. Man bezahlte mit Getreide, Webfaden, Fellen, Fleisch, Papyrus, Metallgegenständen etc. Jede Berufsgruppe gab einen Teil ihrer Produktion, gemessen in *Deben*, der bereits erwähnten Kupfereinheit, an den steuereinnehmenden Schreiber. Widerspenstige Steuerpflichtige mußten damit rechnen, eine genau festgelegte Zahl von Schlägen mit Palmrippen zu erhalten.

2 Es gibt im Alten Testament keinen direkten Beweis für eine Tätigkeit Mose im Bauwesen. Dennoch läßt der Vorfall mit dem Mord an dem Ägypter, der einen Hebräer mißhandelte (Ex 2,11-12), dies aus zwei Gründen vermuten. Erstens wurden Hebräer bei Bauarbeiten eingesetzt (Ex 1,12), die unter Sethos I. und seinem Sohn Ramses II. außergewöhnlich umfangreich waren; die Erwähnung von Hebräertrupps, über die man Aufseher stellte (Ex 1,11), kann sich nicht auf Feldarbeiten, sondern nur auf die

Zwangsarbeit bei den öffentlichen Bauten beziehen. Zweitens befanden sich die Hebräer dauerhaft auf den Baustellen, so daß dort der wahrscheinlichste Schauplatz für den Mord ist (vgl. Kap. 6, Anm. 3).

Das Buch *Exodus* stellt Moses als das spirituelle Haupt der Hebräer in Ägypten dar; dieser Punkt ist zweifelhaft, wenn nicht gar unwahrscheinlich, denn, was wir durch die Ägyptologie über die Herrschaft von Sethos I. und Ramses II. wissen, läßt kaum vermuten, daß diese beiden Pharaonen, die noch autoritärer waren als ihre Vorgänger, die Existenz einer hebräischen Gesamtgruppe unter der Autorität eines autonomen Führers zugelassen hätten, dem es erlaubt war, von gleich zu gleich mit Ramses II. zu sprechen. Dies gilt um so mehr, da man die Hebräer als Sklaven betrachtete. Die Hypothese ist sogar absurd. Offensichtlich handelt es sich um eine hagiographische und sehr verständliche Verschönerung aus der Zeit, in der das Buch *Exodus* geschrieben wurde.

Kapitel 9:

1 Zahlreiche Dokumente, wie etwa die Papyri in Berlin, weisen darauf hin, daß das innenpolitische Leben im alten Ägypten nicht aus dieser unerschöpflichen, von höchster Weisheit inspirierten, idealen Folge religiöser Zeremonien bestand, die man vergangenen Epochen gern zuschreibt. Im Gegenteil, Komplotte, Amtsmißbrauch, hartnäckiger Widerstand der Provinzherren gegen die zentrale Verwaltung, habgierige und intrigante Beamte, Tricks der Priesterschaft und organisierte Verbrechen gab es in dieser über dreitausendjährigen Geschichte zuhauf. Diese Papyri sind viel anschaulicher, als die Kunstwerke vermuten lassen, die fast alle Grabkunst und daher hagiographisch sind, ein gewisser touristischer Bilderbogen des alten Ägypten also. Ägypten war ein großes Königreich, und die Rivalitäten zwischen den allgemeinen und den persönlichen Interessen waren heftig, da die Menschen dort kaum anders waren, als sie es heute noch – überall – sind. Staatsstreiche waren

keine Seltenheit, und so kam auch ein einfacher Soldat an die königliche Macht, Haremheb, Onkel des Gründers der 19. Dynastie, Ramses I., Vater von Sethos I.

Die Schwächung der Zentralmacht durch die Dekadenz und die Skandale des pseudo-monotheistischen Königs Echnaton der 18. Dynastie – was übrigens auch während der ersten und der zweiten Zwischenperiode der Fall war –, zwang die Könige der 19. Dynastie, darunter Sethos I. und seinen Sohn Ramses II., zu einem enormen Unterfangen: zur Restauration der Königsmacht innerhalb wie außerhalb des Landes.

Das Prestige, das Moses unter diesen beiden Königen erlangte, zeigt, daß er anfangs dieser königlichen Machtfestigung diente. Das konnte er nur als Einheimischer und mit einem offiziellen und zweifellos ranghohen Titel, von dem uns die Geschichte kein Zeugnis hinterlassen hat. Die fast vertrauten Beziehungen zu Ramses II., von denen das Buch *Exodus* berichtet (übrigens nicht ohne Widersprüche), konnten nur auf einer Vergangenheit als ergebener Diener des Königs basieren.

Als solcher mußte er mit den aufständischen Machenschaften der lokalen Führer in Konflikt geraten, vor allem in der Region Unterägypten, die von den vorangegangenen Dynastien vernachlässigt worden war. Sethos I. war tatsächlich der erste König, der es unternahm, die Macht des Königreichs in dieser Region zu stärken; das war nun auch jenes Gebiet, wo die Hebräer ansässig waren (es gibt keine Spuren ihrer Präsenz in Mittel- oder Oberägypten). Das Ägypten Mose war das Ägypten des Nildeltas und nur das.

Kapitel 12:

1 König der 18. Dynastie (1337–1354?), auch bekannt unter dem Namen Amenophis IV. Seine Herrschaft wurde geprägt einerseits durch eine theologische Revolution, die alle Götter zugunsten des einzigen Gottes Aton aus dem ägyptischen Pantheon ver-

bannte, andererseits durch eine gefährliche Schwächung der ägyptischen Macht, vor allem der Hegemonie über die Gebiete Palästinas und Syriens. Er änderte seinen ursprünglichen Namen Amenhotep (»Amun ist zufrieden«) in Echnaton (»Er gefällt Aton«). Nach seinem Tod, der ebenso plötzlich wie geheimnisvoll gewesen zu sein scheint, setzte die Priesterschaft seinen Neffen, den jungen Tutenchamun auf den Thron, der ebenso geheimnisvoll starb (vielleicht nicht ganz so geheimnisvoll, da Röntgenuntersuchungen seines Skeletts 1997 Genickverletzungen erkennen ließen, die anscheinend von einem Schlag auf den Nacken herrühren). Eje, ein Schüler Echnatons, regierte noch kurz nach dem Tode Tutenchamuns, dann endete die 18. Dynastie unter Umständen, die dunkel bleiben. Der Thron wurde paradoxerweise nach einem Staatsstreich durch einen Angehörigen des Militärs wiederhergestellt, Haremheb, und so wurde die 19. Dynastie gegründet, zu der zwei der größten ägyptischen Könige gehören, Sethos I. und Ramses II.

Dem Sturz der 18. Dynastie folgte eine heftige Reaktion der Priesterschaft. Da Echnaton angeordnet hatte, nur der Kult des Aton dürfe praktiziert werden, hatten die Priester des Amun, Osiris, Ptah und der anderen Götter während der gesamten Herrschaft der Pseudo-Monotheisten keinerlei Zuwendungen mehr erhalten, die ihnen traditionell vom Staat gewährt worden waren, und sahen sich ihrer Existenzgrundlage beraubt. Mit Haremhebs Hilfe beeilten sie sich daher, die Kulte der alten Götter wieder einzuführen, vor allem den Amun-Kult, der ihnen den größten Teil ihres Einkommens brachte. Der Name Echnatons wurde verabscheut und getilgt und schließlich von allen öffentlichen Gebäuden entfernt.

Die religiöse Revolution Echnatons hat im 20. Jahrhundert eine beeindruckende Menge von Kommentaren angeregt, von Freud bis Velikovsky, ganz zu schweigen von den allgemeinen Hirngespinsten. Man wollte in ihm bald den Begründer des Monotheismus, bald einen Schüler des hebräischen Monotheismus sehen. Doch der Begriff »Monotheismus« läßt sich schlecht auf die rudimentäre Theologie Echnatons anwenden. Der Name »Aton« bezeichnet in der Tat nur die Sonnenscheibe, die als eine Emanation des Sonnengottes Re gesehen wurde. Es handelt sich also höchstens um einen totalitären Götzendienst.

Die Hypothese von einem hebräischen Einfluß könnte auf den ersten Blick bestechend scheinen, stößt jedoch auf gewaltige Einwände. Der bedeutendste ist, daß der hebräische Monotheismus zur Zeit Echnatons bei weitem noch nicht die Kohärenz erreicht hatte, die Moses ihm fast ein Jahrhundert später gab.

Die biographischen Angaben über Amenophis IV. lassen eher vermuten, daß dieser Pharao, dessen Privatleben einigermaßen exzentrisch war (vgl. G. Messadié, *Teufel, Satan, Luzifer, Universalgeschichte des Bösen*, übs. von M. Messner, Frankfurt 1995; ders., *Histoire générale de Dieu*, Paris 1997), Anfälle von Mystizismus hatte, die ihn zu einer Götzenverehrung der Sonne veranlaßten.

Kapitel 14:

1 »Mein Mund und meine Zunge sind nämlich schwerfällig«, erklärt Moses Gott (Ex 4,10). Es fällt natürlich schwer zu glauben, daß Moses, das große Oberhaupt und der Begründer einer Nation, ein Stotterer gewesen sein soll, zumindest im modernen Sinn des Wortes. Aber es kann sein, daß er sich in emotionsgeladenen Augenblicken nur schwer ausdrücken konnte. Im übrigen muß man feststellen, daß er, der in einem ägyptischen Umfeld aufgezogen worden war und daher lange Jahre bis zu seiner Reife nur ägyptisch sprach, das Hebräische erst spät lernte. Auch das kann die Langsamkeit und das Zögern erklären, das er gesteht, wenn er sich des Hebräischen bediente.

2 Mittelmeer und Rotes Meer.

3 Der plötzliche und rätselhafte Tod von Amenophis IV. läßt tatsächlich vermuten, daß er Opfer eines Staatsstreichs war, den die

verärgerten Soldaten und Priester angezettelt hatten. Die letzteren nahmen dann wohl die Gewohnheit an, sich in die Wahl der Monarchen einzumischen, denn ein gewaltsamer Tod war anscheinend auch das Schicksal seines Nachfolgers, des berühmten, aber wirkungslosen Tutenchamun.

4 Im Laufe des 20. Jahrhunderts waren zahlreiche Theorien über die vermuteten Beziehungen zwischen Moses und der ägyptischen Religion in Umlauf, vor allem über den Pseudo-Monotheismus oder Aton-Kult von Amenophis IV., genannt Echnaton. Kurzgefaßt: Manche behaupten, daß der Monotheismus des Moses von dem Mono-Götzendienst Echnatons inspiriert gewesen sei, während andere im Gegenteil erklären, Echnatons Mono-Götzendienst sei vom hebräischen Monotheismus beeinflußt gewesen.
Die Theorien der ersten Gruppe, darunter jene, die Sigmund Freud in *Der Mann Moses und die monotheistische Religion* entwickelt hat, berücksichtigen weder die Geschichte noch die vergleichende Theologie. Zwar räumt Freud ein, daß der Mono-Götzendienst der Sonne des Amenophis IV. bereits unter dessen Vater Amenophis III. begonnen hatte, doch er verkennt vollkommen die doch gewaltigen Unterschiede zwischen dem Kult der Sonnenscheibe und der hebräischen Religion und sieht nur die oberflächlichsten Ähnlichkeiten.
Es gibt drei Haupteinwände gegen die Theorien der ersten Gruppe:
a) Moses hätte bei den Hebräern im Exil nicht das Judentum entwickeln können, wenn er sich nicht auf den Gott Abrahams gestützt hätte, den es schon vierhundert Jahre vorher gegeben hatte.
b) Der Gott des Mose ist anthropomorph und greift in die Geschichte und die Sphäre der Menschen ein (und darin liegt die gewaltige Revolution, die Moses vollbracht hat), während der Gott Aton kosmisch und statisch ist.
c) Der Gott des Mose, Jahwe, gehört ausschließlich den Hebräern, während es Echnatons Ehrgeiz war, eine Aton-Ökumene

nicht nur in Ägypten, sondern auch in den Vasallenländern durchzusetzen, d. h. einen religiösen Imperialismus. Dieser letzte Unterschied läßt sich leicht in der Wirkung der beiden Religionen feststellen: Das Judentum von Moses erzeugte eine neue Dynamik in der Geschichte der Hebräer und inspirierte sie zur Eroberung Kanaans und der benachbarten Territorien, während der kontemplative Atonismus Echnatons ganz im Gegenteil zum politischen und militärischen Ruin seines Königreichs führte.

Die Einwände gegen die Theorien der zweiten Gruppe sind gewissermaßen dieselben, nur umgekehrt: Gerade die Geschichte der ägyptischen Religion schließt es aus, daß Echnaton sich vom Monotheismus der Hebräer inspirieren ließ, um seinen Mono-Götzendienst der Sonnenscheibe zu begründen. Schon seit der prädynastischen Epoche war die Sonne der universelle Demiurg; sie hatte die anderen Götter geschaffen, und in diesem Sinne kann man sagen, daß die ägyptische Religion von Beginn an monotheistisch war. Der ägyptische Polytheismus ist nur scheinbar, da die anderen Götter eine Emanation der Sonne, des »unsichtbaren Gottes«, waren. Echnatons Irrtum, denn darum handelt es sich, lag in seiner dogmatischen Interpretation dieses latenten Monotheismus, da er aus der Sonnenscheibe selbst den Gegenstand seiner neuen Religion machte und die anderen Manifestationen ausschloß.

Überdies »erfand« Echnaton nichts, im Gegensatz zu manchen literarischen Interpretationen seiner Reform; der Kult des Sonnengottes war bereits universell und sollte es lange bleiben; man findet ihn in der assyrischen Religion, in den afrikanischen Religionen, in der späteren Religion der Azteken, den indo-arischen Religionen etc.

Wenn Moses ein Element seiner Reform der ägyptischen Religion verdankt, dann lag es vielleicht in der Idee des »unsichtbaren Gottes«.

5 Seit dem Alten Reich waren alle Ländereien des Königreichs, ausgenommen die der Priester, Eigentum der Krone, und ihre Bewirtschafter lieferten 20 Prozent der Produkte an den König ab.

Kapitel 16:

1 Bis zu Sethos I. scheinen die ägyptischen Könige für Unterägypten wenig Interesse bekundet zu haben. Man betrachtete es als einen riesigen Bauernhof, und daher kam es, daß die Pharaonen dort nur wenige Monumente errichteten, jedenfalls keines, das von ähnlicher Bedeutung war wie jene in Mittel- und Oberägypten. Beunruhigt durch die regelmäßigen Einfälle der Libyer im Westen und der Hethiter im Osten beschlossen die beiden weiter oben zitierten Könige, die Gegend zu befestigen, und Ramses baute dort sogar seine neue Hauptstadt, das Pi-Ramses des *Exodus*, wo die Hebräer so hart ausgebeutet wurden. In dieser Region des Deltas verbrachte Moses den wesentlichen Teil seines Lebens in Ägypten.
Der Aufschwung Unterägyptens war von relativ kurzer Dauer. Während Sethos I. noch Auaris entwickelte, tendierte das Neue Reich mehr und mehr dazu, Memphis, das sich nördlich der Deltaspitze befand, zugunsten Thebens, das weit südlicher lag, zu vernachlässigen. Erst in der Zeit der Ptolemäer wurde der Aufbau Unterägyptens fortgesetzt.

Kapitel 17:

1 Es kam häufig vor, daß Personen, die zeit ihres Lebens verantwortliche Stellungen innehatten, nach ihrem Tode als »Vermittler zwischen ihren einstigen Untergeordneten und den Göttern« Gegenstand eines Kultes wurden (C. Traunecker, *Les Dieux de l'Egypte*, Paris 1992).

2 Es ist merkwürdig, daß das Meer in der ägyptischen Kosmogonie und Mythologie praktisch keine Rolle spielt. Es gibt keinen Gott oder keine Göttin des Meeres, das anscheinend mit dem Chaos gleichgesetzt wurde.

II.

Der Zorn

Kapitel 1:

1 Alle großen ägyptischen Verwaltungen, darunter auch die Tempel, organisierten vor allem seit dem Neuen Reich die Lebensmittel für ihr Personal, die sie entweder von Ländereien, die ihnen die Krone zugeteilt hatte, oder von der Zentralverwaltung bezogen. Daher erfüllten die Kanzleien der Schreiber auch die Funktion von Vorratsspeichern.

2 Im Neuen Reich verbreitete sich die Mode von Innengärten.

3 Der Steigbügel ist eine chinesische Erfindung aus dem 4. Jahrhundert unseres Zeitalters. Zuvor mußten Reiter einen Schemel benutzen oder waren auf die Hilfe eines Stallknechts angewiesen.

4 Ein ungeklärter Punkt in der so knappen Biographie Mose in Ägypten, wie sie vom Buch *Exodus* vermittelt wird, ist die Frage, ob er vor seiner Flucht zu den Midianitern verheiratet war. Ein Mann blieb selten über das Alter von zwanzig Jahren hinaus unverheiratet, es sei denn, er erschien gebrechlich. Das gewöhnliche Heiratsalter lag sowohl bei Ägyptern wie bei Hebräern bei etwa fünfzehn Jahren. Es ist offenkundig, daß Moses, dessen Ruf in Ägypten, selbst nach dem *Exodus*, groß war, eine Gefährtin

hatte, wenn vielleicht auch nur eine Konkubine, wie es ägyptischer Brauch war. Und man kann sich nur schwer vorstellen, daß er von ihr keine Kinder gehabt haben soll.

Kapitel 2:

1 Die fünf Oasen der Libyschen Wüste – Siwa, Baharîja, Farâfra, Dâkhla und Khârga – wurden unter Ramses II. gegen die Angriffe der Libyer befestigt. Bei den Ausgrabungen zunächst relativ vernachlässigt, wurden sie seit den siebziger Jahren Gegenstand verschiedener Untersuchungen, und man fand bedeutende Spuren von Festungen.

2 Zahlreiche Papyrusfragmente bestätigen die Existenz eines Mystizismus in der altägyptischen Religion. Parallel zur offiziellen Religion gab es esoterische Riten, die den Eingeweihten vorbehalten waren.
Es sind vier Formeln,
die geheim [bleiben],
die du ergründet hast.
Sprich sie nicht aus
aus Angst, daß die Laien
sie hören können!
So heißt es im *Livre du Jour et de la Nuit* (Buch des Tages und der Nacht), übersetzt von A. Piankoff, Institut français d'archéologie orientale, Kairo 1942.
Ich bin ein Priester, unterwiesen im Geheimnis, von dem die Brust nicht nach außen dringen [läßt], was sie erkannt hat, sagt einer der initiierten Priester, übersetzt von E. Chassinat, *Le mystère d'Osiris au mois de Khoiak* (Das Osiris-Mysterium im Monat Choiak), Institut français d'archéologie orientale, Kairo 1966.
Das *Livre des Morts* (Buch der Toten) berichtet, daß die Göttin Isis-Hathor »machtvolle Worte« aussprach, die Re-Horus aus

schwierigen Umständen befreiten; daß diese schriftlich aufgezeichneten Worte »ein großes Geheimnis« seien und »kein Menschenauge sie jemals sehen darf, denn es ist eine Schändlichkeit [für jeden Menschen], den Blick darauf zu richten.« (E. Wallis Budge, *Egyptian Magic*, New York 1971).

Verschiedene Texte deuten darauf hin, daß alle Könige in geheime Riten eingeweiht waren, über die uns jedoch keinerlei Dokumente Aufschluß geben. Sicher ist, daß ein bedeutender Teil dieser Riten darauf abzielte, bei dem Initiierten ein Gefühl der Offenbarung auszulösen. Das setzt eine geläufige Praxis spiritueller oder psychophysischer Übungen voraus. Das Grab Ramoses, Wesir des »monotheistischen« Königs Amenophis IV., bekannt als Echnaton, trug eine Inschrift, die der amerikanische Ägyptologe J. H. Breasted entdeckte und die bestimmte an den Wesir gerichteten Worte dieses Königs wiedergeben soll:

Die Worte Res
[verbreiten sich] vor dir
meines erlauchten Vaters
der sie mich lehrte ...
Mein Herz hatte Kenntnis davon,
mein Antlitz, die Offenbarung.
Ich habe verstanden [...]

(zitiert von M. Guilmot, *Les Initiés et les rites initiatiques en Egypte ancienne*, Paris 1977). Ein Text, der deutlich darauf hinweist, daß es kontemplative Praktiken gab, die dazu bestimmt waren, Offenbarungen auszulösen.

Die hier wiedergegebene Atemdisziplin ist allen großen Mystizismen gemeinsam. Die älteste ist die *prânâyâma* des Yoga, die jüngste der christliche Hesychasmus Gregorius Palamas' und Nikephoros' des Einsamen.

Manche Texte besagen, bei diesen Initiationsriten sei es zu Trancezuständen gekommen, die zu psychologischen Phänomenen wie Persönlichkeitsspaltungen, angeblichen Reisen »aus dem Körper heraus« etc. geführt hätten. Ein Zeugnis dafür ist dieser Text, transkribiert aus dem Papyrus T 32 von Leiden, Sammlung

esoterischer Texte der 22. Dynastie, zugehörig zum Osireion von Abydos (Guilmot, a. a. O.):
Ich habe
die geheimnisvolle untere Welt
überwunden,
um meinen Körper zu betrachten,
der sich in ihr befand,
um meine Formen zu erhellen.
Offenkundig handelt es sich hier um den Text eines Lebenden, nicht um eine Grabinschrift. Er illustriert ein klassisches Thema des Mystizismus, nämlich den eigenen Tod, der zur Auferstehung ins göttliche Licht vorbereitet. Die spontanen Gefühle von Spaltung, auf die sich dieser Text bezieht, sind außergewöhnlich, können aber durch psychotrope Drogen erzeugt werden. Daraus geht hervor, daß die ägyptischen Esoteriker, wie es bei allen Initiationsreligionen der Welt Brauch ist, psychotrope Drogen wie Kât, Hanf, Fliegenpilzextrakt etc. gebrauchten.
Wenn Lukas berichtet, Moses sei »in aller Weisheit der Ägypter ausgebildet« gewesen (ein ungewöhnlicher Hinweis, denn im 1. Jahrhundert war das heidnische Ägypten sicher weder für die Juden noch für die Christen eine Empfehlung), wiederholt er wohl eine alte Tradition, wobei der Begriff »Weisheit« auf eine unbestimmte philosophische Kenntnis hindeutet, esoterisch oder nicht. Doch die im *Exodus* geschilderten Wunder Mose, etwa die Verwandlung einer Schlange in einen Stab, zeugen von Kenntnissen und Praktiken der Magie, in der die Ägypter zu Meistern geworden waren und die den Eingeweihten vorbehalten waren.

Kapitel 3:

1 Die Hebräer hatten sich in den ägyptischen Orten nach Stämmen zusammengefunden. Es ist jedoch nicht sicher, ob diese Gruppierungen nach vierhundert Jahren der Abwesenheit aus

Palästina noch so deutlich abgegrenzt waren, wie es etwa das Buch *Numeri* angibt.

2 Wie ambivalent der Status Mose – gegenüber Hebräern wie Ägyptern – zumindest bis zu seiner Flucht zu den Midianitern war, bezeugt die Haltung der beiden streitenden Hebräer, die er zu trennen versucht, und die kontern, sie könnten ihn wegen des Mordes an dem ägyptischen Vorarbeiter denunzieren. Das weist darauf hin, daß er keinerlei faktische oder rechtliche Autorität über die Hebräer hatte, eine Macht, die die Ägypter im übrigen niemals geduldet hätten (vgl. Teil I, Kap. 8, Anm. 2).

Kapitel 4:

1 An der Stelle im Norden von Suez, wo heute der Timsah-See und die Bitterseen liegen, gab es zur Zeit Ramses' II. eine einzige große Wasserfläche, das *Große Schwarze* genannt, wie aus dem ausgezeichneten Überblick von Dr. M. Bucaille *(Moïse et Pharaon,* Paris 1995), erstellt nach den Untersuchungen von A. Lagrange, F. Vigouroux und dem Bericht von Du Bois Aymé in der *Description de l'Egypte* von Vivant-Denon, hervorgeht. Es ist auch möglich, daß dieses Meer den weiter nördlich gelegenen großen See Manzilah (auch Sirbonis genannt) mitumfaßte, der wie die beiden anderen ein Überrest eines noch größeren Sees war, der bis ins Paläolithikum zurückreicht.

Im Lauf des folgenden Jahrtausends veränderte sich die Oberfläche Ägyptens, sei es aufgrund der intensiven Nutzung der Seen für die Bewässerung, wie man es im Laufe des 20. Jahrhunderts beim Asowschen Meer gesehen hat, sei es in der Folge einer Veränderung in der Wasserführung des Nils, oder sei es aufgrund einer klimatischen Veränderung (vgl. weiter unten, Anm. 4).

Daraus geht hervor, daß nur der untere Teil dieses Meeres die Fahrrinne bildete, die als Schilfmeer bekannt ist und manchmal mit dem Roten Meer verwechselt wird, eine Fahrrinne, die eine entscheidende Rolle beim Exodus spielte.

2 Zum Erstaunen der Historiker und Botaniker fanden sich bei der Untersuchung der Mumie Ramses' II., die mehrere französische und ägyptische Spezialistenteams von 1975 bis 1977 im *Musée de l'homme* in Paris vornahmen, in der Bauchhöhle Tabakblätter, *Nicotina longiflora*. Offensichtlich hatten die Einbalsamierer diesen Tabak dort hineingelegt. Diese Entdeckung entkräftet die allgemein anerkannte Vorstellung, der Tabak käme ausschließlich aus Amerika, jedoch ohne daß sich daraus Rückschlüsse über die Herkunft dieses Tabaks ergäben. (Musée d'Histoire naturelle/Musée de l'homme, *La momie des Ramsès II*, Editions CRC/Recherches sur les civilisations, Paris 1985, S. 197.)

3 Das heutige Rote Meer (das keineswegs rot ist, wie alle Touristen, die dort waren, feststellen konnten), war während der Ramessiden-Epoche nach dem Beispiel des Mittelmeeres als das *Große Grüne* bekannt. Das Mittelmeer war das nördliche *Große Grüne*, das Rote Meer das östliche *Große Grüne*.

4 Um die Schilderung besser zu verstehen, ist es notwendig, folgende Punkte genauer zu erklären. Eine Rekonstruktion des alten Deltas, die in den sechziger Jahren, insbesondere von einem Team der Wiener Universität unter Leitung von Pater Manfred Bietak, begonnen wurde, hat es ermöglicht, drei wesentliche Punkte festzustellen: Zunächst hat sich die Linienführung des Nilarms im Delta im Laufe der letzten drei Jahrtausende beträchtlich verändert; so dehnte sich etwa der alte Arm, »Arm von Pelusium« genannt, viel weiter nach Osten aus und endete wohl im See Manzilah, im Süden des heutigen Port Said. Am östlichen Ufer dieses Arms lagen die Städte Auaris und Pi-Ramses. Zweitens verband ein Kanal die großen östlichen Städte des Deltas. Drittens lag eine große, noch nicht identifizierte Stadt an

den Ufern einer Lagune im Südosten. Ihr Standort scheint am Nordufer des *Großen Schwarzen* gewesen zu sein und bildete wohl einen Riegel zu den Routen nach Asien. Es ist möglich, daß diese Stadt das berühmte Pi-Ramses selbst war, dessen Standort immer noch diskutiert wird (vgl. H. de Saint-Blanquat, *Les Grandes Capitales du Delta*, in: »La nouvelle Egypte ancienne«, Sondernummer von »Science & Avenir«, Mai 1980).

Daraus geht hervor, daß die Hebräer mindestens hundert Kilometer Luftlinie vom Sinai entfernt waren, etwa hundertfünfzig Kilometer, wenn man die Straße nach Süden zum Schilfmeer nimmt.

Kapitel 5:

1 Eine moderne Tradition ohne Bezug auf die Geschichte oder das Alte Testament möchte die Vorstellung aufrechterhalten, daß die hebräische Religion seit Abrahams Aufenthalt in Ägypten bis hin zu Moses völlig unberührt erhalten geblieben sei; ein einziger Gott, Jahwe oder Elohim, sei daher bei den hebräischen Bevölkerungsgruppen in ägyptischer Gefangenschaft stets gegenwärtig und vorherrschend gewesen. Doch das Alte Testament selbst liefert zahlreiche Beweise, daß die Hebräer beharrlich dem Kult fremder Götter frönten.

Die Geschichte vom Tanz um das Goldene Kalb, lange nach dem Beginn des Exodus angesiedelt, während Moses sich auf dem Berg Horeb oder Sinai befand, in dem Augenblick also, als er versuchte, die kulturelle und religiöse Einheit seines Volkes zu schmieden, ist das bekannteste Zeugnis des hebräischen Polytheismus. Das berühmte Goldene Kalb, wenn man das wirklich noch sagen muß, war der Stier Apis. Noch Jahrhunderte später, als die jüdische Religion bereits etabliert war und das Verbot galt, sich Götzenbilder zu machen, war der Kult um das Goldene Kalb nicht verschwunden, wie die beiden goldenen Kälber, die König Jerobeam formen ließ, und die Worte, die das Geschenk an die Hebräer begleiteten, bezeugen: »Hier ist dein Gott, Israel, der dich aus Ägypten herausgeführt hat« (*1Könige* 12,28).

Ebenso kann man sich die Frage stellen, welche Übereinstimmungen es mit den Anordnungen Mose hinsichtlich der beiden goldenen Cherubim gibt, mit denen Salomon den Tempel in Jerusalem schmückte und auf die in den Büchern *Chronik* ausführlich eingegangen wird (*2Chron.* 3,10-14). Ganz unzweideutig ist die Tatsache, daß selbst Salomon, der Erbauer des Tempels von Jerusalem, auf einem Hügel östlich von Jerusalem einen Tempel für Kemosch, den Gott der Moabiter, und einen weiteren für Molech, den Gott der Ammoniter, errichten ließ (*1Könige* 11,6-7).

Die Propheten ließen es sich nicht entgehen, das zu brandmarken, was für sie in der Treue zum Gesetz Mose Verrat bedeutete. Ezechiel beklagt in schonungslosen Worten die Teilnahme von Frauen Israels bei den Riten für den babylonischen Gott Tammuz (*Ezech.* 8,14) und die Anbetung der Sonne durch die Männer (*Ezech.* 8,16). Elias tadelt die hebräischen Anbeter Baals: »Wie lange noch schwankt ihr nach zwei Seiten? Wenn Jahwe der wahre Gott ist, dann folgt ihm! Wenn aber Baal es ist, dann folgt diesem!« (*1Könige* 18,21)

Dennoch muß man sich in den Kontext dieser Epochen zurückversetzen und daran erinnern, daß der Polytheismus eher ein sprachliches als ein tatsächliches Phänomen war: Die Namen Baal, El, Ellel und Elohim waren Synonyme, da sie alle den großen Gott der Kanaanäer, Phönizier, Hethiter und Hebräer bezeichneten. Die Vorstellung einer Untreue gegen den Gott Mose muß daher abgeschwächt werden, indem man sich die historischen Bedingungen bewußt macht: die ständige Nähe verschiedener semitischer Kulturen in Palästina während der ersten Jahrhunderte des Aufenthalts der Hebräer in diesem Land, die zu einer Differenzierung der Glaubenslehre und des Ritus führte, und die faktische Nichtexistenz einer Kommunikation im modernen Sinne, die es heute ermöglicht, Kulturen und Religionen zu definieren. Dieses Thema übersteigt natürlich den Rahmen dieser Anmerkungen (vgl. das Kapitel »Les Dieux des Hébreux et le

Dieu des Prophètes« – Die Götter der Hebräer und der Gott der Propheten – in: *Histoire générale de Dieu,* Messadié a. a. O.).
Wenn also der Kult fremder Götter noch mehrere Jahrhunderte nach dem Exodus bei den Hebräern fortdauerte, so war er während der zirka vierhundert Jahre ihres Aufenthalts in Ägypten um so beherrschender. Das Postulat, der Judaismus habe sich abgesehen von einigen Modifikationen von Abraham bis in unsere Tage intakt erhalten, würde letztendlich bedeuten, daß man die entscheidende Rolle, die Moses bei der Schaffung der kulturellen und religiösen Identität der Hebräer spielte, verkennt.

Kapitel 9:

1 Die Raute, *Ruta graveolens,* ist eine Pflanze, deren Blüten, die man seit uralter Zeit konsumiert, ein sedatives Alkaloid enthalten. Die universell verbreitete Pflanze mit den samtigen Blättern ist Datura, die in allen Teilen ein starkes halluzinogenes und neurotropes Alkaloid enthält (vgl. II, Kap. 2, Anm. 2).
Die Empfehlung, halluzinogene Psychopharmaka zu verwenden, kann und darf hier nicht so negativ aufgefaßt werden, wie man es heute tun würde. Die Verwendung dieser Pflanzen zum Zweck mystischer und religiöser Erleuchtung ist sehr alt: Dreitausendfünfhundert Jahre vor unserer Zeit gibt es in Beschreibungen arischer Riten in Indien, Persien und Baktrien Hinweise auf den Konsum von *Soma,* einem Extrakt aus dem Fliegenpilz, der halluzinogene Wirkung hat. Es gibt wenige Pflanzen mit psychotroper Wirkung, von Datura bis zum Bilsenkraut, die in den alten Texten und Überlieferungen auf den fünf Kontinenten nicht vorkommen (vgl. J. Allegro, *Der Geheimkult des heiligen Pilzes. Rauschgift als Ursprung unserer Religionen,* aus d. Engl. übs. v. P. Marginter, Wien/München/Zürich 1971). Zahlreiche Mystiker sehr vieler Religionen scheinen sich ihrer bedient zu haben. Die Visionen Ezechiels und des Autors der *Apokalypse* etwa sind wohl in weiten Teilen auf den Gebrauch von Hallu-

zinogenen, vor allem von Fliegenpilzextrakt, zurückzuführen. Doch auch wenn es im Laufe der Jahrhunderte viele Menschen gegeben hat, die Psychopharmaka konsumierten, so ist nicht aus allen ein Moses oder ein Baudelaire geworden.

2 Die Reihe von Festungen zur Überwachung der nördlichen Küstenebene zwischen dem heutigen El Kantara und Gaza gab es seit Amenophis IV. Zu Beginn der Herrschaft von Sethos I. hatten die Beduinen diese Festungen eingenommen (ob zusammen mit den Hebräern oder nicht, weiß man nicht, da die ägyptischen Texte offenbar kaum zwischen beiden Gruppen unterscheiden). Da dort der Zugang von Ägypten nach Asien war und die Gefahr eines Einfalls von Asien nach Ägypten drohte, wurden sie unter Sethos I. und später auch unter Ramses II. verstärkt (A. H. Gardiner, »The Ancient Military Road between Egypt and Palestine«, in: *Journal of Egyptian Archaeology*, Bd. 6, 1920).

3 Die Frage, welche Sprachen zur Epoche Mose im Nahen Osten gesprochen wurden, hat für das Verständnis des Alten Testaments eine Bedeutung, die von der breiten Öffentlichkeit manchmal verkannt wird. Das Hebräische gehört dazu, zusammen mit den aramäischen Sprachen des Nordens, den semitischen Sprachen der westlichen Gruppe; weiter assyrisch-babylonische, altaramäische und kanaanitische Elemente, die sich in der Sprache der Kanaaniter, wie sie Ende des 13. Jahrhunderts v. u. Z. von den Hebräern in Palästina angenommen wurde, wohl fixiert haben (vgl. A.-M. Gérard, »Hebräisch«, in: *Dictionnaire de la Bible*, a. a. O.). Jemand, der Hebräisch sprach, hätte daher keine großen Schwierigkeiten gehabt, sich bei den Beduinenvölkern Arabiens verständlich zu machen.

Bleibt noch zu klären, ob sich die Sprache der seit fast vierhundert Jahren in ägyptischer Gefangenschaft lebenden Hebräer durch die Tatsache, daß sie von einer abgekapselten Gruppe gesprochen wurde, und unter dem unvermeidlichen Einfluß des Ägyptischen nicht verändert hat.

Das Ägyptische, das zur afroasiatischen, auch hamito-semitisch genannten Sprachfamilie gehört, war theoretisch mit den semitischen Sprachen verwandt; doch es ist zu bezweifeln, daß Moses, wenn er Ägyptisch gesprochen hätte, weil es die Sprache seiner Kindheit und Jugend war, von Kanaanitern oder Beduinen verstanden worden wäre. Das Ägyptische (oder genauer, das Mittelägyptische) war eine eigene Sprache, die sich, vor allem seit Beginn des 14. Jahrhunderts v. u. Z., spürbar weiterentwickelt hatte (vgl. den Artikel »Hebrew Language«, *Encyclopaedia Britannica*).

4 Der Sinai ist keineswegs eine verdorrte Gegend wie etwa die Wüste Gobi, was man meinen könnte, wenn man sich auf den Text des Alten Testaments stützt. Zwar sind die drei Wüsten Schur, Sin und Parah aufgrund des rauhen Klimas größtenteils unbewohnt, doch sie werden von den im Frühjahr und Herbst zu Sturzbächen werdenden Wasserläufen aus der Gebirgskette, die von Norden nach Süden ansteigt, bewässert. Auf die Wüste selbst fallen zwei Millionen Kubikmeter Regen pro Jahr, und das ist der Grund, warum man dort in einer Tiefe von ein oder zwei Metern auf Wasser stößt. Zweifellos ist das auch der Grund, warum in frühchristlicher Zeit zahlreiche Eremiten in diese Wüsten gingen (Artikel »Sinai«, *Encyclopaedia Britannica*, 1994).

Auf den Küstenebenen gibt es genügend Weidegründe für die Herden der Beduinen der Gegend. Daher ist es mehr als wahrscheinlich, daß Moses bei seiner ersten Flucht, die ihn ins Land Midian führen sollte, am östlichen Ufer des Golfs von Akaba auf Karawanen gestoßen ist.

Überdies war der Sinai seit prähistorischer Zeit bewohnt. Die Inschriften, die Sir W. Flinders Petrie 1904/1905 dort gefunden hat und die 1916 teilweise von Sir A. Gardiner entziffert wurden, reichen bis auf dreitausend Jahre v. u. Z. zurück. Der Name Sinai selbst leitet sich vom Namen des Mondgottes Sin ab. Die Archäologie auf der Halbinsel Sinai ebenso wie auf der arabischen Halbinsel befindet sich noch in den Anfängen, doch die Existenz von Küsten- wie von Binnenstädten, wie etwa das heutige Sera-

beth el-Khadîm, sicherlich das Dophka des *Exodus*, stimmt mit dem Kult von Gottheiten überein, wie er von halbnomadischen Völkern betrieben wurde.
Der Name Alaat ist frei erfunden.

Kapitel 12:

1 Es gibt verschiedene Arten von Manna, die alle harzige Exsudate bestimmter Bäume und Büsche der Wüste sind, verursacht durch eine auf Bäumen lebende Schildlaus. Heutzutage konsumieren die Beduinen des Sinai noch das krümelige Manna der Tamariskensträucher, *Tamarix mannifera*, aus dem man ein Mehl gewinnt, mit dem man eine Art Pfannkuchen backen kann. Vor dreitausend Jahren, als der Sinai noch weit bewaldeter war als heute, lieferte er eine beachtliche Menge dieses Mannas. Moses, der dieses so reich vorhandene Nahrungsmittel während seines Aufenthalts auf dem Sinai kennengelernt hatte, kannte dessen Eigenschaften gut; das ist übrigens auch der Grund, warum er sich zum Dolmetscher Jahwes macht und empfiehlt, daß das Manna morgens geerntet werden solle, bevor die Sonne es aufweicht (Ex 16,21). Vgl. A.-M. Gérard, *Dictionnaire de la Bible*, Paris 1989.

2 Sin, der Mondgott, nach dem eine der drei Wüsten des Sinai und später der gesamte Sinai benannt wurde, war einer der orientalischen Götter sumerischen Ursprungs, die je nach Epoche, Sprache und Kultur einen anderen Namen hatten. Vom sumerischen Nannar wurde er in Babylon zu Suen'Sin und später zum Sin Palästinas im Süden Arabiens einschließlich des Sinai. Diese Region gehörte zur kulturellen und religiösen Einflußsphäre Kanaans und Mesopotamiens. Der Wüstencharakter dieser Gegend, das Fehlen urbaner Zentren (außer an der Mittelmeerküste), ihre Nomadenbevölkerung, ihr Charakter als Übergang zwischen Afrika und Asien und die verschiedenen aufeinanderfolgenden

Invasionen, deren Schauplatz sie war, legen die Vermutung nahe, daß die Vorstellungen von Gottheit hier noch verschwommener und mehrdeutiger waren als anderswo, etwa in Ägypten (vgl. G. Parrinder, *Die Religionen der Welt*, übs. von J. Schatt u. a., Wiesbaden 1977).

Es ist sicher, daß Moses während seines Aufenthalts auf dem Sinai, der nicht länger als zwei oder drei Jahre dauerte, mehrere dieser Gottheiten und der mit ihnen verbundenen Kulte kennengelernt hat. Manche Autoren äußern die Vermutung, er habe dort die Vorstellung eines Gottes, der Beschützer der Menschheit oder ein »Gott der Väter« sei, gefunden, und diese habe seine Konzeption von Jahwe beeinflußt (A. Caquot, »La Religion des Sémites occidentaux«, in: H.-C. Puech (Hrsg.), *Histoire des religions*, Bd. 1, Paris 1994).

Sicher ist außerdem, daß Moses auf dem Sinai und in den Wüsten Nordarabiens nur überleben konnte, wenn er sich in den einen oder anderen Nomadenstamm der Beduinen integrierte, bei denen er lernte, wie man in einer fremden und feindlichen Umgebung überleben kann. Unwahrscheinlich wäre es, wenn er nicht mit Räubern, die es in dieser Gegend ständig gab und gegen die David dreihundert Jahre später zum Schutz der palästinensischen Hirten eine Art Polizei aufstellte, in Konflikt gekommen sein sollte.

Kapitel 14:

1 Der *Exodus* (Ex 2,16–22) berichtet, Moses habe an einem Brunnen gesessen, als die sieben Töchter des Priesters von Midian, Jitro (auf hebräisch etwa »Eure Exzellenz« in der elohistischen Version, auf griechisch manchmal auch Reguël oder auf lateinisch in der Vulgata Raguel – »Gott ist dein Freund« – genannt), kamen, um die Eimer zu füllen, mit denen sie die Schafe ihres Vaters tränken wollten, und von Hirten vertrieben wurden. Moses habe darauf die Schäferinnen verteidigt und selbst die Schafe getränkt.

Darauf seien sie so rasch nach Hause zurückgekehrt, daß ihr Vater erstaunt war. Die Töchter erklärten, ein Ägypter habe sie gegen die Hirten verteidigt. Der Priester soll dann seine Töchter geschickt haben, um Moses zum Abendessen zu holen, und habe ihm später die Hand seiner Tochter Zippora gegeben.

Dieses Kapitel hier weicht recht weit vom biblischen Bericht ab, weil dieser in vielen Punkten einfach zu unwahrscheinlich ist. Zum einen können die Töchter Jitros in dem patriarchalischen System der Beduinen des Sinai und ganz Arabiens am Ende des 2. Jahrtausends v. u. Z. unmöglich Hirtinnen gewesen sein. Schäfer zu sein bedeutete, daß man die Herden gegen Räuber und wilde Tiere verteidigte und daß man sie nach dem Schema der Wanderschäferei im Sommer nach oben auf die Almen und im Winter nach unten trieb. Man kann sich kaum vorstellen, daß die »sieben Töchter« des Jitro, im Alter recht weit auseinander, mit einer solchen Aufgabe betraut waren – unter anderem hätte das bedeutet, daß sie keine Familie hatten. Es ist weit wahrscheinlicher, daß ein Patriarch wie Jitro Schäfer beschäftigte.

Zudem wäre es einem Fremden ohne Herde schlecht bekommen, wenn er sich in einen Streit um die Brunnenrechte eingemischt hätte, was damals keine Lappalie war.

Die Zahl sieben, in der Symbolik der Bibel die Zahl der Fülle und der Reinheit, wird zu einem hagiographischen Zweck eingeführt, zur Prädestination des Mannes, der Schwiegervater und Ratgeber Mose werden sollte.

Die beiden Namen Jitros sind problematisch. Der erste, Reguël oder Raguel, ist eindeutig eine hebräische Wortbildung, obwohl der Mann kein Hebräer war, und der zweite, Jitro, war ein Titel und kein Name (dennoch ist er hier beibehalten, da er den Lesern des Alten Testaments am vertrautesten ist und man den richtigen Namen dieser Gestalt nicht kennt). Das Buch *Numeri* (10,29) spricht von Hobab, Sohn Reguëls des Midianiters, das Buch *Richter* (4,11) von Hobab dem Keniter. Die Hypothese T. K. Cheynes, Hobab und Jonadab, Vater der Rechabiter, seien ursprünglich ein und dieselbe Person gewesen, vereinfacht die Frage kaum (die

Rechabiter waren israelitische Beduinen, die später, zur Zeit des Jeremias, eine Sekte bildeten, die sich weigerte, Getreide zu säen und Wein zu pflanzen).

Jitro als »Priester Midians« zu bezeichnen, scheint eine weitere Erfindung zu sein, um diese Gestalt zu verherrlichen, die später Ratgeber und Inspirator Mose bei der Einsetzung von Richtern, die das mosaische Gesetz vertreten sollten – wenn nicht gar der Anreger dieses Gedankens – werden sollte. Das Gebiet von Midian, an der Südküste des Golfes von Akaba wurde von nomadischen oder halbnomadischen Beduinenstämmen bevölkert, die offenkundig nur Gottheiten assyrischen oder kanaanitischen Ursprungs kannten (vgl. Kap. 12, Anm. 2).

Es ist sehr zweifelhaft, daß diese Stämme einen einzigen Kult praktiziert haben, der von einem einzigen Priester geleitet wurde. Der Begriff »Priester« ist noch dazu, es sei denn, man fasse ihn in einem sehr weiten Sinne auf, schwer ohne ein Heiligtum vorstellbar, ein Gebäude, das es bei der Lebensweise der Nomaden natürlich nicht gab. Die einzigen befestigten Orte dieser Gegend waren nach allem, was bisher bekannt ist, das heutige Maqna, ein Hafen an der Spitze des Südufers des Golfes, und Qourrayyah, das heutige Dhot el-Hajj im Landesinneren und anscheinend an der Grenze zum Gebiet Midians. Es ist wahrscheinlicher, daß Jitro ein reicher Schäfer war, Richter und Magier im alten Sinne des zweiten Wortes, das heißt Fürsprecher zwischen den Menschen und den höheren Mächten.

Die Logik des Bibelberichts scheint schließlich ein wenig schwach zu sein. Man versteht kaum, warum Moses müßig an einem Brunnen saß, noch woran die Töchter Jitros in ihm einen Ägypter erkannt haben sollen; ein einzelner Mann braucht außerdem kaum weniger Zeit, um Wassereimer zu füllen, als sieben Mädchen.

Und schließlich muß man daran erinnern, daß Jitro, zusammen mit Pythagoras und Hamza, dem wichtigsten Schüler des Sektengründers, in der Religion der Drusen eine der sieben Inkarnationen der höchsten Vernunft ist. Eine offensichtlich anachronistische Tradition macht aus ihm einen zoroastrischen Priester.

Kapitel 16:

1 Anspielung auf die gemeinsame iranische Herkunft der Völker des Nahen und Mittleren Ostens, worauf sprachliche Verwandtschaften und die bei ihnen verbreitete Bearbeitung von Bronze hinweisen (vgl. C. McEvedy, *Atlas de l'histoire ancienne*, Paris 1985). Das Siedlungsgebiet der Völker der Aramäer, Amoriter, Edomiter und Moabiter in Palästina und an den arabischen Küsten zur Zeit Mose entspricht fast genau der Verbreitung der Bronzeverarbeitung zu Beginn des 2. Jahrtausends v. u. Z.

2 Einer der unergründlichsten Punkte in der Geschichte der Hebräer ist das Glaubenssystem, dem sie während der etwa vierhundert Jahre ihres Aufenthalts in Ägypten vor der Einführung des mosaischen Gesetzes und der mosaischen Institutionen anhingen. Sicher hatte viele Jahrhunderte zuvor die Familie von Jakob-Israel auf die aus dem Ausland mitgebrachten Götter verzichtet, doch Rahel etwa stahl die *Teraphim* oder Hausgötter ihres Vaters Laban (Gen 31,19). Man sieht auch, daß fast zweihundert Jahre nach der Ankunft im Gelobten Land König Saul seine *Teraphim* hat, ebenso wie seine Tochter Michal, die Gattin Davids (die ihren Mann sogar durch einen in eine Decke gehüllten *Teraph* vor den von Saul gedungenen Mördern rettet). Und die Hebräer, kaum im Gelobten Land angekommen, verlangten von Mose Bruder Aaron, daß er ein Goldenes Kalb aufrichten sollte (Ex 32,1-8).
Es gibt daher viele Gründe zu der Annahme, daß die in Ägypten gefangenen Hebräer die Götzenverehrung der Vorväter betrieben. Es ist möglich, daß manche von ihnen die Götter und manche Riten der Ägypter angenommen hatten, aber wahrscheinlich ist vor allem, daß die große Mehrheit Götter mesopotamischen Ursprungs anbetete, die sie an die Vergangenheit erinnerten (vgl. II, Kap. 5, Anm. 1).

3 Die Verbreitung der Hebräer in Ägypten und Palästina zur Zeit Mose ist ein weiterer relativ ungeklärter Punkt ihrer Geschichte.

Einerseits scheint gesichert, daß es in Ägypten seit der 15. Dynastie, d. h. seit dem 17. Jahrhundert v. u. Z., eine bedeutende Bevölkerungsgruppe mit einer beständigen demographischen Zuwachsrate gab (vgl. I, Kap. 6, Anm. 1). Andererseits deuten zwei nichtbiblische Texte darauf hin, daß es Hebräer in Palästina gab. Der erste ist die Stele von Memphis, die berichtet, daß unter Amenophis II., der von 1448 bis 1420 v. u. Z. regierte, am Ende eines Feldzugs dreitausendsechshundert Apiru als Gefangene nach Memphis gebracht wurden (J. Briend/M. J. Seux, *Textes du Proche-Orient ancien et Histoire d'Israël*, Paris 1977). Der zweite Text berichtet von Unruhen, die die Apiru in Palästina verursachten, als sie die kanaanitische Festung Beishan (Beth-Schean?) angriffen, eine Festung, die übrigens zum Gegenstand weiterer Offensiven der Hebräer wurde (Jos 17,16–17).

Man weiß jedenfalls nicht, wie bedeutend die Population der Hebräer in Palästina war und wie ihre Beziehungen, wenn es solche gab, zu den Hebräern in Ägypten waren.

III.

Eine Stimme in der Wüste

Kapitel 1:

1 Gen 12,10-20.

2 Gen 20,1-18. Die elohistische Version berichtet, beim zweiten Mal habe Abraham seine List auf Kosten des Philisterkönigs angewandt, ein Anachronismus, der durch die späte Abfassung dieses Textes erklärbar ist: Etwa sechs Jahrhunderte mußten noch vergehen, bis die Philister nach Kanaan kamen. Zweifellos handelte es sich um einen kanaanitischen Fürsten.

3 Gen 26.

Kapitel 4:

1 Der Autor des *Exodus* verrät seine geographische Unkenntnis, wenn er die Vision Mose auf den Berg Horeb oder Sinai verlegt, der auf der anderen Seite von Midian und dem Golf von Akaba liegt, etwa dreihundert Kilometer von Ezjon-Geber entfernt. Auf diesen Punkt wird im zweiten Band dieses Werkes in einer Anmerkung detailliert eingegangen.

2 Es gibt tatsächlich eine Zierpflanze, den weißen Diptam, der in Büschen wächst, etwa einen Meter hoch wird und ein Öl absondert, dessen Dämpfe sich bei großer Hitze oder in der Nähe einer Flamme entzünden.

Kapitel 6:

1 Der *Exodus* nennt als einzigen Grund für Mose Flucht die Furcht, von zwei hebräischen Erdarbeitern wegen des Mordes an dem ägyptischen Vorarbeiter, der einen Hebräer mißhandelte, denunziert zu werden, er führt sogar aus, »der Pharao« habe sogar versucht, Moses aus diesem Grund zum Tode verurteilen zu lassen (Ex 2,15). Doch aus drei Gründen ist diese kurze Passage des *Exodus* kaum überzeugend. Zum ersten hätte Moses als die bedeutende Persönlichkeit, die er war – vor allem bei den Hebräern –, keine Mühe gehabt, den beiden Arbeitern klarzumachen, daß es kaum opportun sei, ihn wegen eines Verbrechens zu denunzieren, das zur Verteidigung eines der Ihren geschehen war. Der zweite Grund ist historischer Natur, denn der *Exodus* verkennt die Methoden der ägyptischen Verwaltung. Als Gott Moses verkündet, jene, die ihm nach dem Leben trachteten, seien tot (Ex 4,19-20), scheint er nicht zu wissen, daß die Strafverfolgung eines Kriminellen, sei er Dieb oder Mörder, mit dem Tod des Monarchen nicht aufhörte. Wie in allen Verwaltungen der Welt blieb sie ohne Verjährung der Rechtsprechung unterworfen, wie zahlreiche Berichte über die Verfolgung von Grabschändungen bezeugen. Drittens hätte Ramses, der zu Lebzeiten seines Vaters Regent war, nach dem Tode seines Vaters sicher nicht eine Strafverfolgung ausgesetzt, wenn er sich in seinem erhabenen Amt überhaupt für eine Lappalie wie den Mord an einem Vorarbeiter interessiert hätte.
Der Mord an dem Beamten, eindeutig eine vorsätzliche Tötung, die kaum für die Selbstbeherrschung Mose spricht, ist plausibel. Seine Flucht aus Ägypten ist jedoch nur aus zwei Gründen er-

klärbar; entweder war Moses bei der Gemeinde der Hebräer nicht anerkannt und betrachtete sich noch nicht als Mitglied, so daß er nicht auf ihre Diskretion vertraute – eine These, die ich hier vertrete. Oder aber, und das ist mit dem vorher Gesagten nicht unvereinbar, er floh aus persönlichen Gründen, weil ihm die Zwänge des Dienstes im Pharaonenreich lästig wurden.

2 Es ist einer der verblüffendsten Punkte in der Geschichte Mose, daß er einerseits von den Hebräern als Oberhaupt bestimmt wurde, andererseits durch sein Gefühl eines göttlichen Auftrags, und daß die Hebräer während seiner Abwesenheit aus Ägypten nicht einen oder mehrere andere Männer (vor allem seinen Bruder Aaron) gefunden haben, der oder die fähig gewesen wären, ihre Führung zu übernehmen. Daß ihre Wahl auf Moses fiel, hing zweifellos mit seinem Charisma und ebenso mit der beherrschenden Stellung zusammen, die er in seiner Vermittlung zwischen der Königsmacht und den Hebräern eingenommen hatte.

3 Daß Moses im Gegensatz zur Version des *Exodus* nicht nach Ägypten zurückgekehrt ist, läßt unter anderem die plötzlich maßgebliche Rolle Aarons vermuten, der allein imstande war, die Hebräer von der Moses durch seine Offenbarung zugewiesenen Rolle zu informieren und ihnen seine Anweisungen zu übermitteln. Wäre Moses nach Ägypten zurückgekehrt, hätte er Aarons Dienste nicht gebraucht. Und man hat Mühe, die Gründe zu erkennen, warum Jahwe im *Exodus* bald Moses allein, bald Moses und Aaron, aber nie Aaron allein erschienen sein soll.
So muß man auch die Zauberwettbewerbe zwischen Moses und Aaron einerseits und den ägyptischen Magiern andererseits, die das Buch *Exodus* beschreibt und bei denen man sieht, wie sich Aarons Stab in eine Schlange verwandelt und die Stäbe der ägyptischen Magier frißt, in den Bereich der phantastischen Legende verweisen ... Mir scheint es, daß diese Taschenspielertricks wenig zur Psychologie und zur Würde des großen Gesetzgebers Moses passen.

Die Passagen im Buch *Exodus,* die sich darauf beziehen, weisen auch einige Anachronismen auf, die sowohl die Unkenntnis über Ägypten wie auch die späte Abfassung des Pentateuchs verraten. So befiehlt etwa der Herr Moses, morgens früh aufzustehen und vor den Pharao zu treten, wenn er an den Fluß ging (Ex 8,16), ein ähnlicher Irrtum wie jener, der die Tochter des Pharaos im Nil baden lassen will. Der Pharao hatte keinerlei Grund, morgens zum Fluß hinunterzugehen, weder um sich zu waschen, noch um seine Notdurft zu verrichten, denn er hatte ein Badezimmer. Außerdem bedroht der Herr neben anderen Tieren die Kamele der Ägypter mit einer schrecklichen Krankheit (Ex 9,3), doch zu dieser Zeit gab es in Ägypten keine Kamele. Diese Tiere kamen erst später während der griechischen Besetzung ins Land, also im 4. Jahrhundert v. u. Z., während sie in Asien, im Mittleren Osten und in Arabien schon domestiziert waren (Erman/Ranke, *Ägypten und ägyptisches Leben im Altertum,* a. a. O.).

Kapitel 7:

1 Diese Zahlen sind willkürlich und dürfen nur als Hinweis aufgefaßt werden. Es ist sicher, daß die Angehörigen der Stämme in Ägypten in einzelnen Sippen organisiert waren, doch man verfügt über keine anderen Informationen bezüglich der Stämme in Ägypten und der Zahl der Sippen, die sie bildeten, als die Liste der siebenunddreißig Großfamilien, die im *Exodus* aufgeführt werden (Ex 6,14-27). Je nach den verschiedenen Bibelauslegungen wird *Familie* zudem unterschiedlich interpretiert, einmal im weiten Sinne als Sippe *(michapahah),* ein andermal als Untergliederung einer Sippe. Auf jeden Fall liefert diese Auflistung mehr Fragen als Antworten, denn wenn man eine hypothetische und maximale Zahl von hundert Personen pro Familie annimmt, hätte sich die gesamte hebräische Bevölkerung in Ägypten auf etwa dreitausendsiebenhundert Personen belaufen, kaum mehr

als die Zahl der Gefangenen, die Amenophis II. ins Land gebracht hatte.

Die im *Exodus* (Ex 12,37-38) genannte Zahl, »sechshunderttausend Mann zu Fuß, nicht gerechnet die Kinder«, gilt im allgemeinen als völlig übertrieben. Sie würde bedeuten, daß die Zahl der Hebräer insgesamt mindestens eine Million Menschen betragen hätte, fast zwei Drittel der gesamten Bevölkerung des Niltals (vgl. I, Kap. 6, Anm. 1).

2 Der *Exodus* vermittelt den Eindruck, alle Hebräer seien an einem Punkt konzentriert gewesen, von dem aus sie alle auf ein gegebenes Signal hin aufbrechen konnten. Ein großer Teil der Hebräer hielt sich seit ihrer Ankunft unter der Herrschaft der Hyksos wohl auch in Unterägypten auf. Doch Unterägypten ist groß, und die Hebräer waren dort auf einem Gebiet verstreut, das gut hunderttausend Quadratkilometer umfaßt. Manche Arbeitstrupps konnten zudem weiter nach Süden, nach Memphis oder Theben abgeordnet werden, um die dortigen Arbeiter zu unterstützen. Die Mobilisierung der gesamten hebräischen Völkerschaft mit ihren Besitztümern, wie sie im *Exodus* geschildert wird, war ein Unterfangen, das langen Atem erforderte.

3 Das Wort »Edom« bedeutet *rothaarig* oder *behaart* und im weiteren Sinne *bewaldet;* es soll der Beiname Esaus gewesen sein, aufgrund seines Haars, das ihn wie ein Fell bedeckte (Gen 25,25). In den Büchern *Genesis* und *Numeri* wird Esau daher als Vorfahr der Edomiter genannt. Es scheint jedoch, daß das Land Edom so benannt wurde, weil es dicht bewaldet war. Zu einem Zeitpunkt, vor dem Einzug der Hebräer in Ägypten und vermutlich um den Beginn des zweiten Jahrtausends v. u. Z., haben wohl westliche Semiten, Apiru oder Beduinen diese Gebiete von den ersten Ansiedlern, die der Archäologie unbekannt sind, erobert. Nach dem Buch *Deuteronomium* (Deut 2,12, 22) hat man manchmal angenommen, diese Ansässigen seien die Horiter gewesen, ein Zweig des großen, nichtsemitischen Volksstamms der Hurriter, doch

von diesen »Horitern« hat man keinerlei archäologische Spur gefunden *(Encyclopaedia Britannica,* Artikel »Edom«). Man kann daher die Frage stellen, ob »Horiter« und »Hurriter« nicht synonym sind. Für dieses Buch ist dies von Interesse, da es um die Frage geht, ob der »König von Edom« Moses beim Auszug aus Ägypten tatsächlich den Durchzug verweigert hat (Num 20,14-21).

4 Das damalige Edom wurde im Norden durch den Fluß Zered begrenzt, im Westen durch den Araba, im Süden durch den Rand der Hochebene, die heute auf den Wadi Hismeh führt, und im Osten durch die Wüste. Die gesamte Region, beiderseits des Negev, im Süden des heutigen Jordaniens und Palästinas, war zur Zeit Mose dicht bewaldet. Daher gab es zahlreiche Bären, Wölfe, Schakale, Wildschweine und Hyänen und anscheinend sogar Löwen, auf die viele Texte des Alten Testaments anspielen.

5 Entgegen vielen weitverbreiteten Interpretationen bezeichnet der Name »Baal« keinen bestimmten Gott. Das Wort bedeutet einfach »Herr«, und zumeist folgte ein weiteres Wort, das die genaueren Kompetenzen bezeichnete: »Herr der Ebene«, »Herr der Fruchtbarkeit«, »Herr des Tanzes« usw.

6 Im vierten Jahr seiner Herrschaft begann Ramses einen überfallartigen Feldzug, um die Festung Kadesch zurückzuerobern, die seit einigen Jahren verloren gewesen war. Durch seine Spione hatte er erfahren, daß Benteschima, der König von Amurru, und sein Beschützer Muwatallis, König der Hethiter, ihre militärischen Vorkehrungen gelockert hatten, da sie keinen erneuten Angriff aus Ägypten erwarteten. Der blitzschnelle Angriff der Ägypter führte zu einem überwältigenden Sieg (vgl. Ch. Desroches-Noblecourt, *Ramses II, la véritable histoire,* a. a. O.).
Es ist merkwürdig, daß das Alte Testament kaum auf die sehr häufigen Einfälle der ägyptischen Armeen in Kanaan eingeht, die den Hebräern doch einige Sorge bereiten mußten.

Kapitel 8:

1 Ein Phänomen, das in heutiger Zeit ganz ohne außergewöhnliche Ursachen häufig festgestellt wird. Unter bestimmten Temperaturbedingungen kommt es zu einer Vermehrung mikroskopisch kleiner Algen, sogenannter Rhodophyten, in Verbindung mit unlöslichen Kohlehydraten. Diese Algen hätten sich zum Beispiel im Victoriasee vermehren können, falls ungewöhnliche Mengen pflanzlicher Materie auf die Wasseroberfläche fielen, und der Fluß hätte dieses gefärbte Wasser bis Ägypten transportieren können.

2 Dieser Aufstand ist keine romanhafte Erfindung. Die Passage ist inspiriert von einer der bedeutendsten historischen Entdeckungen, die den Auszug aus Ägypten erklären können, von der sogenannten Elephantine-Stele, die man auf der Insel Elephantine beim ersten Katarakt des Nils gefunden hat. Diese Stele, von der erstmals 1972 die Öffentlichkeit erfuhr, datiert aus dem 2. Jahrzehnt des 12. Jahrhunderts v. u. Z., also etwa 1180 v. u. Z., zur Herrschaftszeit des Pharaos Sethnacht.
Die Inschriften dieser Stele berichten von einem versuchten Staatsstreich, organisiert von ägyptischen Würdenträgern mit der Hilfe von Asiaten (was auch der Begriff ist, mit dem die Ägypter die Hebräer bezeichneten), die mit Gold, Silber und Kupfer gekauft worden waren (vgl. A. Malamat, »The Exodus: Egyptian Analogies«, in: E. Frerich/L. H. Lesko, *Exodus, The Egyptian Evidence*, Winona Lake 1997). Abgesehen von der Erwähnung dieser »Asiaten« ist der Text aufgrund seiner Wechselbeziehung zu Passagen des Buches *Exodus*, die die Bibelexperten sehr verblüfft hat, außergewöhnlich interessant: »Jede Frau kann von ihrer Nachbarin oder Hausgenossin silberne und goldene Geräte und Kleidung verlangen. Übergebt sie euren Söhnen und Töchtern und plündert so die Ägypter aus!« (Ex 3,22). Diese Ermahnung, paradoxerweise Gott zugeschrieben, wird noch einmal aufgegriffen, was ihr eine besondere Bedeutung verleiht:

»Laß unter dem Volk ausrufen, jeder Mann und jede Frau soll sich von dem Nachbarn Geräte aus Silber und Gold erbitten« (Ex 11,2-3). Und noch ein drittes Mal taucht dieses Detail auf: »Die Israeliten taten, was Moses gesagt hatte. Sie erbaten von den Ägyptern Geräte aus Silber und Gold und auch Gewänder.« (Ex 12,35-36). Noch verwirrender wird die Frage, da der Psalmist ebenfalls dieses Silber und Gold erwähnt: »Er führte sein Volk heraus [aus Ägypten] mit Silber und Gold« (Ps 105,37).
Diese vier Zitate erlauben keine zusammenhängende oder rationale Interpretation: Das erste ist ganz einfach eine Anstiftung zur Unredlichkeit, das zweite und das dritte sind kaum deutlicher, da man nicht versteht, warum die Ägypter den Hebräern, deren Unterdrücker sie ja waren, Schmuck oder Kleider hätten geben sollen, und das vierte schreibt das Gold und Silber der Großzügigkeit Gottes zu, ohne die Ägypter zu erwähnen.
Die Elephantine-Stele bestätigt, daß die Hebräer (wobei nicht unbedingt die Hebräer des *Exodus* gemeint sein müssen) mit Gold, Silber und Kupfer aufbrachen, und gibt endlich eine wahrscheinliche Erklärung für die Pseudo-Großzügigkeit der Ägypter und dieses Gold und Silber, das die Hebräer aus Ägypten mitnahmen.
Hätte dieser historische Text einen genauen Zusammenhang mit dem Auszug aus Ägypten, müßte man dieses Ereignis ungefähr ein Jahrhundert früher ansiedeln. Sethnacht, ein Pharao der 20. Dynastie, regierte von 1200 bis 1198. Man müßte dann auch die ganze Chronologie neu zusammenstellen und vor allem die Eroberung Jerichos ein Jahrhundert früher ansetzen. Das würde große Probleme aufwerfen, weil dann zwischen Moses und David kaum ein Jahrhundert liegen würde. Ein gefährliches Unterfangen.
Es ist wohl wahrscheinlicher, daß die Hebräer, die der ägyptischen Königsmacht, die sie zu einer zinspflichtigen und frondienstleistenden Masse gemacht hatte, offenkundig feindlich gesinnt waren, ein Reservoir potentieller Rebellen bildeten, das von lokalen Potentaten mehr als einmal ausgenutzt wurde. An

versuchten Staatsstreichen und Palastrevolutionen mangelt es in der ägyptischen Geschichte nicht. Jedesmal wurde die Mitwirkung der Hebräer mit Gold, Silber und Kupfer erkauft. Und das konnte unter Ramses II. ebenso geschehen sein wie unter Sethnacht.

3 Offizieller Beiname von Ramses II.

4 Das war jahrhundertelang, in antiker wie moderner Zeit, auch in der Gegend von Rom der Fall, wo die Wellen von Malariaerkrankungen verheerende Verluste bei kleinen Kindern zur Folge hatten, weit stärker als bei den Erwachsenen.

5 Wieder einmal löst sich die Schilderung hier von den im *Exodus* dargestellten Tatsachen. Die Gründe sind für den mit dem Alten Testament vertrauten Leser vielleicht offenkundig, für andere wahrscheinlich weniger. Man kann sie unter den drei Aspekten Psychologie, literarische Gattung und Geschichte zusammenfassen.
Psychologisch gesehen macht die Schilderung des *Exodus* Moses zu einer Art Magier, der Kunststücke vollbringt, um Ramses von der göttlichen Macht zu überzeugen, die ihm verliehen ist. Nacheinander verwandelt sich auf eine Geste Mose hin sein Stab in eine Schlange, so wie es während seiner Vision in der Wüste war; dann verwandelt derselbe Stab das Wasser des Nils in Blut und läßt sofort die Fische sterben, so daß die Luft von einem unerträglichen Gestank erfüllt ist; dann holt er Scharen von Fröschen und Heuschreckenschwärme herbei usw. Diese Art von Wunder konnte sicherlich das Publikum der damaligen Zeit beeindrucken, da es von der Macht überzeugt wurde, die Moses verliehen war, doch es scheint mir für das Bild, das man sich von Moses, seiner Person und seiner Authentizität macht, eher schädlich zu sein. Der Rückgriff auf die Wunder scheint mir zudem den Intentionen der Autoren zuwiderzulaufen, da die ersten Versionen des *Exodus* nicht früher verfaßt sein können als im

6. Jahrhundert v. u. Z., das heißt, etwa achthundert Jahre nach den geschilderten Ereignissen. Ein Wunder ist in sich ein Eingeständnis der Ohnmacht der Gottheit, die gezwungen ist, zum Mittel des Wunders zu greifen, wenn sie nicht über die Ereignisse bestimmen kann.

Ebenfalls unter psychologischem Gesichtspunkt kann man sagen, daß der Bericht des Buches *Exodus* die Persönlichkeiten der Pharaonen zutiefst verkennt und im Falle von Ramses jede Glaubwürdigkeit verliert. Ramses, der, modern gesprochen, ein größenwahnsinniger Potentat war, hätte nicht lange eine Person um sich geduldet, die ihm weiszumachen versuchte, daß sie eine höhere Macht besaß. Egal, ob es sich dabei um einen reinen Hebräer oder den Sohn einer ägyptischen Prinzessin und eines Hebräers handelte, wie unsere These lautet, jedenfalls hätte dieser lästige Kerl seine Argumentation nicht lange fortsetzen können, sondern man hätte ihn ohne großes Federlesen in den nächsten Kerker geworfen. Sich vorzustellen, daß der Pharao einem Vertreter der Hebräer hätte sagen können: »Diesmal bekenne ich mich schuldig« (Ex 9,27), gehört in den Bereich der verstiegensten Fiktion.

Literarisch gesehen folgt die Schilderung den rhapsodischen Regeln der Gattung. Das heißt, sie wiederholt dasselbe Thema, um eine Spannung in den Bericht einzubauen, die in die Katharsis mündet. Nachdem sich der Pharao nach den ersten Plagen unnachgiebig gezeigt hat, beginnt er weich zu werden, und nun zeigt er sich nach jeder neuen Plage immer schwächer, bis er schließlich ganz nachgibt. Die Regeln dieser Gattung sind anderswo ausgiebig analysiert worden.

Historisch betrachtet, wimmelt der Bericht von Unwahrscheinlichkeiten, die alle auf das späte Datum seiner Abfassung zurückzuführen sind. Wenn der Autor schreibt: »... tritt vor den Pharao hin und sagt zu ihm ...« (Ex 7,26; Ex 9,13), so zeigt er seine völlige Unkenntnis des Hofprotokolls, das sicher niemandem, auch keiner hochrangigen Person und schon gar keinem Vertreter einer Bevölkerungsgruppe, die man als Sklaven betrachtete, gestattete, einfach den Monarchen anzusprechen, als sei er ein Dorfpatriarch. Oft hat man diese ganzen Unwahrscheinlichkeiten aufgezählt; meiner Meinung nach droht dadurch die bedeutsame Rolle Mose bei der Geburt Israels verdeckt zu werden, eine so bedeutsame Rolle, daß sie natürlich zu einer Legende geführt hat, die sich um die historische Wahrheit wenig kümmerte. Einmal mehr beweist das, daß man das Alte Testament (und übrigens auch das Neue) als heroische Legenden mit gelegentlichen historischen Elementen betrachten muß.

Anzunehmen, daß Moses, der den Mord an dem ägyptischen Vorarbeiter begangen hatte, straflos hätte vor den Pharao treten und ihm seine Bedingungen für den Auszug der Hebräer aus Ägypten aufzwingen können, zeugt auch von einer völligen Unkenntnis der ägyptischen Rechtsprechung (vgl. III, Kap. 6, Anm. 1).

Meine Schlußfolgerung ist, daß Moses, nachdem er Ägypten einmal verlassen hatte, nicht mehr zurückkehren konnte. Der Exodus wurde höchstwahrscheinlich nach den Anweisungen Mose von Aaron in Ägypten organisiert, wie es das Alte Testament auch zu verstehen gibt. Daher die Bedeutung, die diesem Halbbruder zukommt, und die hohen Ämter, die ihm Moses in der Folgezeit übertrug, trotz Aarons Unzulänglichkeiten und Verfehlungen.

Weiter muß man daran erinnern, daß kein einziger ägyptischer Text existiert, der eine wie immer geartete Flucht der Apiru nach Kanaan und noch weniger eine Moses vergleichbare Gestalt erwähnt. Die historische Wahrheit wird nur durch das eponyme Buch des Pentateuch bezeugt. Diese Lücke entkräftet sicher nicht das Buch *Exodus*, sondern legt nur den Schluß nahe, daß der Auszug der Hebräer aus Ägypten von den Ägyptern als geringfügiger Vorfall betrachtet wurde.

Sicher ist es so, daß die ägyptischen Inschriften, wie A. M. Gérard konstatiert *(Dictionnaire de la Bible,* a. a. O.), der Siege gedenken und sich hüten, Niederlagen zu erwähnen; doch welches Ausmaß dieser Exodus auch hatte, so scheint der Verlust kostbarer Arbeitskräfte weder Ramses' Laune noch den Rhythmus seiner Bautätigkeit beeinträchtigt zu haben. Von den Schreibern vernachlässigt, prägte dieses Ereignis die Geschichte der Religionen dennoch zutiefst.

Kapitel 9:

1 Der *Exodus* vermittelt ein Bild von Moses als einem alten Mann, der bei seinem Aufbruch nach Midian schon vierzig Jahre alt war und bis zu seiner Vision vom brennenden Dornbusch noch vierzig Jahre älter wurde. Das würde heißen, daß er achtzig Jahre alt war, als er sich auf das gigantische Unterfangen des Auszugs einließ, bevor er mit hundertzwanzig Jahren starb. Diese Zahlen verfolgen natürlich die Absicht, von dem Helden das damals erstrebenswerte Bild eines Patriarchen von großer Weisheit zu zeichnen, dürfen aber nicht wörtlich genommen werden, denn wie Bibelkundige wissen, bedeutet die Zahl vierzig nicht das, was wir heute damit meinen, sondern einfach eine sehr lange Zeitspanne. Zudem geizt das Alte Testament auch sonst nicht mit der Langlebigkeit seiner Helden. Doch es ist höchst unwahrscheinlich, daß Moses sich mit achtzig Jahren in ein Abenteuer wie den Exodus gestürzt haben soll, das sowohl körperliche wie psychische Kräfte erforderte, die eher ein Mann aufbringt, der wesentlich jünger ist. Die Ausdauer, die der Auszug in der Folgezeit verlangte, läßt ebenfalls eher an einen Mann denken, der um die Dreißig war, nicht um die Achtzig.

2 Die damaligen Schiffe hatten natürlich noch kein Steuerrad, sondern wurden mit Hilfe eines großen Ruders, das hinten befestigt war, gelenkt.